In Praise of Simple Physics:
The Science and Mathematics Behind Everyday Questions

シンプルな物理学

身近な疑問を数理的に考える23講

ポール・J. ナーイン [著]　河辺哲次 [訳]

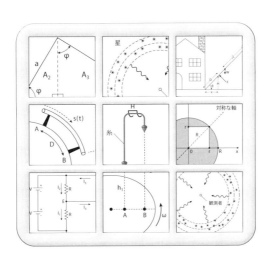

共立出版

In Praise of Simple Physics

By Paul J. Nahin

Copyright © 2016 by Princeton University Press

Japanese translation published by arrangement with Princeton University Press through The English Agency (Japan) Ltd.

All rights reserved.

No part of this book may be reproduced or transmitted in any form or by any means, electronic or mechanical, including photocopying, recording or by any information storage and retrieval system, without permission in writing from the Publisher.

Japanese language edition published by KYORITSU SHUPPAN CO., LTD.

訳者まえがき

　本書は，数学や物理の啓蒙書を多数著しているポール・J. ナーイン（Paul J. Nahin）による著書 "In Praise of Simple Physics: The Science and Mathematics behind Everyday Questions"（Princeton University Press）を翻訳したものです．

　毎日の暮らしのなかで遭遇する自然現象や，物理的あるいは工学的な現象についての疑問を取り上げ，それらが「シンプルな物理学」を用いてスッキリ理解できることを，軽妙な語り口と簡単な数式で解説しています．

　本書で取り上げている 23 の話題の多くは，誰もが一度は経験したり，不思議に感じたりしたことがあるものです．例えば，信号機が黄色に変わろうとする交差点の直前でアクセルを踏むべきかブレーキを踏むべきか，プロ野球やアメフトの選手が飛んできたボールを絶妙にキャッチするためのテクニック，恐怖心をあおるバンジージャンプの安全性，セットしたヘアスタイルを乱す強風の向き，照明の仕組み，ハシゴを立てかけるときに必要な力，倒壊する高い煙突の崩れ方，重力加速度の測定法といった，物理的・工学的なもの．あるいは，月は地球から遠ざかっていること，地球の回転の速さは遅くなっていること，太陽や月による潮汐の仕組み，宇宙ステーションや静止衛星の動き，といった宇宙空間の現象に関わるものや，なぜ夜空は暗いか，といった宇宙そのものに対する大きな謎など．さらには，ドミノ倒しや核分裂の際のエネルギー値，水や空気の運動から生成されるエネルギー値，次元解析で求められる原子爆弾の臨界質量値といった興味深い計算方法も示されています．

　これらの疑問や謎，計算に対して，本書では基本的な物理法則や原理に基づく「シンプルな物理学」を巧みに利用して，明快に解いてみせます．バラ

エティーに富んだ 23 の話題には，様々なアイデアや物理概念，数式や方程式が登場しますが，それらの大半は高校レベルの物理学（力学，電気）や数学（微分，積分，三角関数）で解けます．ときには大学レベルの物理学や数学が必要になる場合もありますが，その際は十分に説明されるので，専門知識のない読者も不安に感じることはありません．

科学技術の不断の進歩の中で暮らしている私たちの前には，新しい疑問や謎は頻繁に現れます．それらの疑問や謎を"常に"「なぜだろう？」と考え続けるのは困難でしょう．でも，"ふっと"「なぜだろう？」と思ったときに，「ああそうだ，あのように考えればシンプルに理解できるんだ！」と考える糸口やヒントを与えてくれるのが本書の効用です．その意味では，本書は「シンプルな物理学」のノウハウを学ぶための具体的な用例集とも言えるでしょう．一見，難しく見える現象でも，その背後には「シンプルな物理学」が通奏低音のように流れていることを，本書はユーモアを交えて，やさしく愉しく解説しています．

最後に，本書を翻訳する機会を与えていただいた島田誠氏，そして，訳稿の仕上げまで細部にわたり懇切丁寧なコメントとアドバイスをいただいた，共立出版編集部の日比野元氏に厚くお礼を申し上げます．

2018 年 6 月

河辺哲次

まえがき

　物理学は，様々な成分が混ぜ合わさった素晴らしいものです．自然と取り組むとき，1つのアプローチだけでは不十分です．実験と観測はもちろん不可欠ですが，概念，描像，想像力，数学，物理的な直観なども論理的な一貫性をもっていなければなりません．私たちは謎に満ちた迷路をいく探検家であり，弱気になってはいけません！

　物理学を**学ぶ**のと物理学を**教える**のは同じこと（同じコインの表と裏）で，すべてが地図上にあります．それらを理解するためのアプローチとして，実験，講義や問題演習，そしてコンピュータや本などがあります．物理学の本はいくつかの異なったアプローチをもつものに分類できます．物理法則から始めて例題や応用に進む「トップダウン」型の本，物理学史に重きを置いた本，あるいは数学を使わない「概念的な」本，数学的な解析はあっても概念の説明や応用などが不十分な本．それぞれの本には，それぞれのメリットがあります．

　本書において，著者のポール・J. ナーインは，各テーマを様々な新鮮な切り口で扱っています．彼は，特別な状況や面白い問題，そしてパズルなどに対して，「シンプルな物理学」を本当にうまく適用しています．

　本書の中には，たくさんのテーマがあります．私たちは「空気の運動からエネルギーを作ろう」の章と「水の運動からエネルギーを作ろう」の章で，再生可能エネルギー源から多くのエネルギーを作り出す方法を学びます．「大圏コースで超高速の旅を」という近未来的な章もあれば，野球のボールをうまくキャッチする方法，安価に重力を測定する方法，夜空が暗い理由などを説明する章，またアイザック・ニュートン自身が重力の計算間違いをしていたことを指摘する章などもあります．さらに，地下室にある3個の電

灯用スイッチのうち，屋根裏部屋の電球をコントロールするスイッチがどれであるかを，階段を1回しか移動しないで見つける方法も学びます！

　私は本書から多くのことを学びました．私は長年，物理学の研究と講義を行ってきましたが，学ぶべきことは常にたくさんあります．例えば，次元解析を使って力学問題を解くことを長い間楽しんできました．次元解析とは，問題の方程式に含まれる質量，長さ，時間の基本的な次元の整合性を要求して問題を解く方法ですが，本書には今までに見たことのない美しい例がいくつもありました．

　本書は解析の筋道がはっきりしています．読者は初歩的な微積分の計算はできるものとして書かれていますが，問題を解く方法が積分であれば，ナインは魔法の杖を一振りするのではなく「いま積分を計算すれば，結果はこうなる」といいます．絨毯の下に様々な数学を隠しているのではありません．彼は直ぐ問題に飛び込み，あなたに計算の詳細を示してくれます．そのため，あなたがすでに簡単な計算に精通していれば，彼の直截的でわかりやすい展開に感心するだけで，これらの部分は読み流せます．しかし，あなたがそうでなくても，すべてのステップが説明されているので，全く学んでいないことや忘れてしまったことでも，理解することができます．

　あなたがナインの以前の本を一冊でも読んでいたら，今回も面白くて肩肘張らない例題や驚嘆すべき例題がたくさんあることに，驚かないでしょう．あなたが現役の科学者であっても，数学と物理学のバックグラウンドをもった一般人であっても，あるいは，どのようなレベルの学生であっても（微積分を知っているか，それを喜んで学ぼうとする限り），本書の楽しい章を深く読むことができるでしょう．

2015年2月

トーマス・ヘリウェル
ハーヴェイ・マッド・カレッジ名誉教授
カリフォルニア州クレアモント

目　次

序　章 1
第 1 章　数学はお好き？ 14
第 2 章　信号無視はダメ 33
第 3 章　空気の運動からエネルギーを作ろう 38
第 4 章　車のスピードレースと宇宙ステーション 45
第 5 章　メリーゴーランドと潮の満ち引き 55
第 6 章　水の運動からエネルギーを作ろう 64
第 7 章　髪の乱れにベクトルを想う 75
第 8 章　照明問題 79
第 9 章　ストップウォッチで深さを測る 86
第 10 章　序章のチャレンジ問題を解こう 90
第 11 章　本の積み重ねとドミノ倒し 101
第 12 章　通信衛星 112
第 13 章　ハシゴを立てる 118
第 14 章　なぜ夜空は暗い？ 123

第 15 章	ものの浮き沈み	135
第 16 章	クランクシャフトの動き	151
第 17 章	野球でうまく捕球するコツ	156
第 18 章	ボール投げと射撃	163
第 19 章	大圏コースで超高速の旅を	172
第 20 章	空中を飛ぶ	184
第 21 章	アメリカンフットボールの技	200
第 22 章	重力加速度の安価な測定法	206
第 23 章	エピローグ—ニュートン,重力計算を間違う	223

追 記	230
謝 辞	239
索 引	241

訳者より

本文中に出てくる数値や単位について,日本になじみのある数値や単位に換算したものをカッコ書きで追記しました(例:約 32 フィート/s^2(約 9.8 m/s^2)).換算の際には以下の値を用い,適宜,四捨五入して見やすい数にしてあります.

1 インチ (in) = 2.54 cm
1 フィート (ft) = 12 インチ = 0.3048 m
1 ヤード (yd) = 3 フィート = 0.9144 m
1 マイル (mi) = 1.609 km
1 ポンド (lb) = 453.6 g

序　章

Preface with Challenge Problems

> 物理はできるだけシンプルにすべきです．
> でも，シンプルにしすぎてはいけません．
> ——アインシュタイン

> 熱物理学を教えるのは，歌うのと同じくらいシンプルさ：
> 少し間違っているとき，君はもっとシンプルだと思うよ！
> ——マーク・ゼマンスキー[1]

> 数学的な議論は，所詮，組織化された常識に過ぎない．
> ——ジョージ・ダーウィン[2]

　私は，典型的な「世間一般の人々」が（これが意味のある概念だと仮定して），素晴らしい科学的発見の発表に対する反応について，興味深い観察をしました．一般に，それは信じられないような驚きですが，時に，その反応は桁外れなものです．1つの例は，数年前にCERN（セルン）（ジュネーブ近郊にある有名な高エネルギー物理学研究所）の研究グループが光速よりも速いニュートリノを観測したと発表したときです．このニュースをTVで聞いたとき，**私は誰かが測定装置をもう一度チェックする必要がある！**　と思ったことを覚えています（その後，ケーブル接続の不良だったことが判明）．

　高校時代の知人の一人とは，今も時おりeメールのやりとりをしていますが，私を困惑させたことは，彼が単純に興奮して舞い上がっていたことです．彼は弁護士としては訓練されているけど，特殊相対性理論の基礎的な物理学や数学をほとんど理解していないため，CERNの発表で熱狂した彼の

eメールに対して私が冷ややかな返事を送ると，彼は私をイライラさせました．

私たち（興奮したチアリーダーのような知人と座をしらけさせる私）は，その翌年の2012年，CERNでヒッグスボソン（いわゆる神の粒子）の発見が発表されたときに，同様の当惑を繰り返しました．私は，**この発見こそ**素晴らしいものだと信じて喜んだことを認めます．しかしながら，何十年もハイレベルの企業弁護士として非常に成功してきたこの知性ある人が，物理学の壮大ではあるが，暫定的な発表だけでいつも盛り上がる興奮のバンドワゴンに，**なぜ**（嬉々として）飛び乗ってしまうのかが私にはやはり謎でした．

彼は他の多くのアメリカ人と同じように，科学的にそれほど無知ではありません．マイケル・シャーマー（1999年の『なぜ人はニセ科学を信じるのか（*Why People Believe Weird Things*）』の著者）は，1990年のギャラップ調査を引用し，成人アメリカ人の半分以上は星占いを信じ，半分ほどの人は恐竜と人間が同時に暮らしていたことを信じてはおらず，そして，3分の1以上の人は幽霊を信じていると述べています．このような割合は，それ以降もあまり変わっていないと思います（もし変わったとすれば，悪いほうに変わっているでしょう）．これに対するシャーマーの説明は「人々は...現実を受け入れることができない」というものです．

したがって，バーミューダ三角海域，ネス湖のモンスター，猿人，そしてアメリカがメキシコの最高機密空軍基地でミステリー区画51にエイリアンの宇宙船を隠しているという伝説のようなナンセンスと一緒に，私たちはギャラップ調査に掲載されているアイテムに引きつけられています．ハリウッド映画の製作者は，この手のばかげた材料が好きです．なぜかって？ 信じやすい人たちから，お金を**たくさん**稼げるからです．SF（サイエンスフィクション）映画の多くは，常軌を逸した科学の俗説を阻止するようなことは何もしてきませんでした[3]．私はこのようなことをしばらく考えた後，これらの発表が魔法のように見えるので，人々に異常な興奮が生まれるのだ，という結論に至りました．もしニュートリノが光よりも速く走るならば，そのとき，『**スタートレック**』で見るようなものがすべて現実に起きます．たとえば，他の銀河系にいる奇妙なエイリアンに会うことも，時間に逆行して旅行することも可能です．私が思い描いた失望すべき結果は，多くの人々が日

常の世界に興味を失っている（あるいは少なくとも不十分である）と感じているということです．この現実は私を悲しくさせました．なぜなら，それは間違っているからです．私たちが住んでいる世界は，大げさな見せかけのものを必要としなくても十分に不思議なものです．自分たちが単に見ているものに対して，**解析的**に考える方法さえ知っていれば，本当に驚くべきことでも，ほとんどの人は完全に理解でき率直に納得できます．

　私の知人や同じような状況の人たちに欠けているものは，基本的な物理学と数学の知識です．アメリカには建国の頃から，そのような知識を教養のある人々にもたせようとする伝統がありました．1700年代の中頃に，ヨーロッパとイギリスの大学で日常的に教えられていたニュートンの科学思想は，アメリカ建国の礎を築いた人々に大きな影響を与えました．例えば，フランクリンはロンドンにいた若い頃，ニュートンに会おうとしました．マディソンは（プリンストン大学の学部生のとき），人間の世界を自然の世界と比較したエッセイを書きました．また，ジェファーソンが「自然法」に関する長い章を独立宣言に含めたのは，ニュートンの『**プリンキピア**（*Principia*）』の読書や他の人物（ロッキーやヴォルテールなど）の執筆[4)]に影響を受けたためです．

　ここでとり急ぎ断っておきたいことは，私が話している知識は，博士レベルの理論物理学者のものでも，高等数学の難解な記号を操る特別な能力をもった数学の天才のものでも**ない**ことです．いま，あなたがワームホールのタイムマシン内で何が起こっているのか，あるいはビッグバンのあとの10^{-10}秒で宇宙はどのようなものであるかを研究していれば，一般相対性理論，量子電磁気学，テンソル理論などの高度な理解はもちろん大きな助けになるでしょう．しかし，それは私が本書で試みようとしていることではありません．本書で論じる話題は，ワームホールの内部やビッグバンという驚異的な巨大な爆発の詳細などではなく，もっと身近なもので，日常生活で見かける（あるいは，ちょっとした実験をすれば観察できるような）現象です．

　しかし誤解しないでください．数理物理学の高度な理解（繰り返しますが，**本書では必要としないもの**）は，本当に素晴らしい扉を開けてくれます．いくつかの扉は**非常**に素晴らしいので，高校時代の知人は興奮を爆発させると思います（そして，もっとたくさんのeメールを私によこすだろ

う）．例えば，次のような驚くべき言葉で始まる，約25年前に出されたエッセイ[5]について考えてみましょう．

> ゆっくりと冷えている巨大な絶縁体の内部で，進化を続けるエイリアン文明を想像してみよう．そこの住人たちには気づかれないように，絶縁体はある温度より低くなると金属に転移すると仮定しよう．この変わった世界の住人たちは，時間の経過とともに，物理学や化学の法則を調べている．しかし，絶縁体が冷えてくると，突然金属になるので，住人たちには物理学の基本法則が突然変化するように見える．例えば，長距離の電磁場はもはや存在せず，電磁波の伝搬が変わる．住人たちの生物学的特性に依存して，物理学と化学の新しい法則は生命を維持できない可能性が非常に高い．そのため，この転移は文明にとって瞬時に致命的になるだろう．私たちの宇宙でそのような物理法則の突然変化が起こる可能性はあるのだろうか？ この問いは，電弱相互作用の標準模型では**すでにこのような相転移は起こっていた**！という事実がなければ，馬鹿げたものに思えるだろう．

この物語の著者は，物理法則のこの変化がビッグバン直後の遠い昔に起こり，その結果として，こんにち私たちが知っている法則になったと説明しています．しかし，そのような突然の変化は再び起こる可能性はあるのでしょうか？ エッセイで論じられている1つの理論によれば，今日知られている質量ゼロの光子が突然に質量をもった場合，答えは「Yes」です．その1つの帰結として，電波の伝播は1センチメートルの範囲に限られることになります．そのため，家庭用ケーブルテレビはそのまま使えますが，携帯電話，車と飛行機のラジオ，航空交通管制レーダーなどは使用できなくなります．この驚くべき帰結を説明するために，この物語の著者は数ページにわたり高度な数理物理学を駆使しています．

本書で，私が試みようとしていることは，そのようなことではありません．本書で扱う話題は「日常生活」に密着した典型的なものばかりです．要求される物理学には，アルキメデスの原理，オームの法則，ニュートンの運動法則，エネルギーと運動量の保存則，物体系の質量中心の計算，それに中空球や固体球や円筒などの単純な形をした物体の慣性モーメントという初歩

的な概念などが含まれます（これらの概念を使うときには，その都度，詳しく説明する）．

必要な数学ツールは代数，三角法，ベクトル，それに大学 1 年生レベルの微積分です．つまり，あなたに期待するのは，高校の生徒が大学に入る前にマスターしてほしい基礎的な数学の知識だけです．ただし，たまに数学のレベルを少し（おそらく，2 年生レベルに）上げることも**あります**が，そのときは議論をゆっくりと丁寧にするつもりです．その結果，あなたは物理学だけでなく，新しい数学も学べることになります．

その精神において，私はかつて読んだジュリア・チャイルド/レイチェル・レイの物理学の定義を思い出します．

高校でのクラス仲間との会話を，先生に偶然聞かれた高校生の一人によると，先生曰く「まず，簡単な代数をとり，そして，一連の幾何学を加える．それから，代数と三角法と大学の数学で必要なものを少し加える．さらに，化学や生物学も加える[6]．...すべてを一緒に混ぜ合わせると，物理学になるんだよ」．アインシュタインの言葉に従って，私は議論がシンプルになるように努力しましたが，**それほどシンプルではありません**．

読者の中には，この時点で少し懐疑的になった人がいるでしょう．また，面白くて複雑な問題が初歩的なツールだけで実際に説明できることに，納得できない人もいるでしょう．そのような人々に対して，ここでドラマティックな反例を示しておきます．

第二次世界大戦における最も高度な機密の科学的研究は原子爆弾（原爆）[7]についてであり，その性能に関する話題は深刻な問題を確実に起こすものでした．**どの程度**の問題が起こったのかを知るために，1944 年の初め頃に短編 SF[8]が出版された後の出来事を考えてみましょう．その SF は，中性子を起爆剤とするウラン 235 のウラニウム原子爆弾に関する驚くほど詳細な記述を含んでいました．それはマンハッタン計画（米国の原爆プログラムが意図的に誤って命名されたため）を取り巻く安全機構に関わっていたワシントン DC の人たちに衝撃を与えるもので，機密漏洩への脅威は，FBI と米国陸軍の対諜報部隊に，雑誌の著者と編集者への疑念をもたせるのに十分なものでした[9]．

戦争が終わると状況は少し緩くなりましたが，それでもまだ**語られていな**

いことがありました．1945 年 8 月に日本に投下された原爆の直後に，プリンストン大学の物理学部長だったヘンリー・スミス（Henry Smyth（1898-1986 年））は "A General Account of the Development of Methods Using Atomic Energy for Military Purposes" という題名の，本一冊分に相当する厚さの報告書を出版しました．スミスは，マンハッタン計画の責任者だったレスリー・グローブス将軍（Leslie Groves（1896-1970 年））の要請で，公益に資するとして出版しました．しかし，爆弾に関する**すべて**がその報告書に書かれたわけでありませんでした．事実，報告書の序文で，グローブス将軍は読者が報告書以上の追加情報を求めないように警告し，スパイ活動取締法の告発をちらつかせて脅しました！

　明らかに欠けていた項目の 1 つには，ウラン高速中性子核分裂爆弾の臨界質量（あるいは，機密保持の理由からロスアラモスで使われた婉曲表現，**ガジェット**）の計算についてでした．臨界質量とは自発的に爆発が起こるウラン 235 の最小質量のことです．臨界質量の知識は，この試みにとって不可欠であり，質量が大きすぎて（飛行機に）搭載できる武器として作ることができないと判明すれば，ガジェットを作るメリットはありません．レポートには，その質量は 1 kg から 100 kg までの間のどこかにあると示唆されていましたが，実際の値は伏せられていました．

　1932 年にノーベル賞を受賞した，第二次世界大戦当時の最高の理論物理学者であるドイツのハイゼンベルク（Werner Heisenberg（1901-1976 年））は，ウラン 235 の臨界質量の大きな計算ミスによってナチスの計画を著しく遅らせました．彼はウラン 235 の臨界質量を**数トン**の重さだと考えました．このミスは致命的なものでした．実際，アメリカよりも 3 年以上早く計画していましたが，ドイツでは稼働可能な原子炉もできていなかったので，原爆の製造は論外でした．ハイゼンベルクは単純に原爆の本当の仕組みを理解していなかったというのが今日の見解ですが，彼はこのような破滅的な兵器を開発することへの道徳的な反対のために，この「ミス」を意図的にしたのだと戦後になって主張しました．ハイゼンベルクがナチスへの戦争協力から自発的に遠ざかったという話や，彼が犯した基本的な物理計算上のミス[10]の「説明」に関する話については，現在，ほとんどの科学史家は，真実ではないと思っています．

1947年，*American Journal of Physics*に，「シンプルな物理学」と高校の数学だけを使って，臨界質量が「およそ 2.5 kg の重さ」であることを示す計算方法が載りました[11]．

著者の中国浙江大学の理論物理学者ルー（Hoff Lu（1914-1997年））は，グローブス中将の脅威から免れました．というのは，彼は物理学と数学のよく知られた法則だけを使ってすべてを計算したからです[12]．彼はマンハッタン計画に関わった人から「内部情報」を得ることはありませんでした．

臨界質量の本当の値は，核分裂する質量のウラン 235 の純度，密度や形状，そして周囲の中性子を閉じ込めるシェル（いわゆるタンパー）の性質等を含む，たくさんのファクターに依存します．ルーの値は，ハイゼンベルクの値よりも明らかに正解に近いものでした．

本書で私たちがやろうとするのは，まさにルーがやったようなことです．ただし，劇的さでは劣りますが．本書でも私が試みたいことは，数学者ハーディーの「ほとんどの ... 物理学は ... 日常生活で全く価値がない」[13]という宣言がどれほど間違っていたかを明らかにすることです．

さて，ここでは複雑さのレベルが異なる 4 つのチャレンジ問題を示して，本章を終えることにします．

図 **P.1** のように，同じ傾斜角をもつ 2 つの斜面と，半径と質量が同じ 2 個の円柱（材質も同じ）を考える．1 個は中空で薄い壁の円柱（a）で，もう 1 個は剛体円柱（b）である．剛体円柱の長さを中空円柱よりも短くすれば，このような 2 個の円柱が作れる．同時にそれぞれの円柱を手放せば，重力の影響を受けて斜面を転がり始めるが，どちらが早く下端に到達するだろうか？

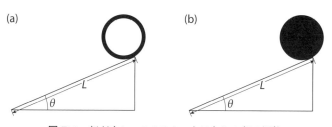

図 **P.1**　転がすレースのスタートにある 2 個の円柱

序章　7

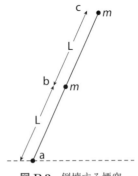

図 P.2 倒壊する煙突

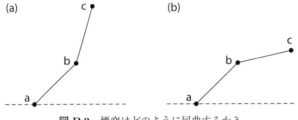

図 P.3 煙突はどのように屈曲するか？

あなたの直観ではどうなりますか？ この問題は，海洋潮汐のエネルギーを調べるときに遭遇するのと同じ物理現象です．本書の後半（第10章）で，この問題を**解析的**に解くところで，あなたの直観の正否がわかります．解析的なアプローチをとれば，2個の円柱のどちらが速いかというだけでなく，**どれだけ**速いかもわかります．

　同じ長さ L の2本の硬くて真っ直ぐな棒がある．図 P.2 のように，棒は点 b で蝶 番でつながり，棒の一端は地面の点 a で蝶番になっている．点 b と点 c には2つの同じ質点†（質量 m）があり，2本の棒の質量は m に比べて無視できるものとする（つまり，棒は質量ゼロとして扱う）．図 P.2 のように一直線に揃った棒の状態を，少し傾けて倒す．このとき，2本の棒は直線の状態を保ったまま倒れるだろうか？　あ

---

† （訳注）物体の大きさを問題にせず，物体をその全質量が一点に集中した点として扱うとき，この仮想的な点のことを**質点**といいます．

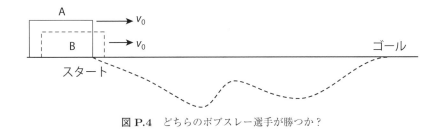

図 P.4　どちらのボブスレー選手が勝つか？

るいは，**図 P.3** のように**屈曲する**だろうか？　もっと具体的に言えば，屈曲が起こるとすれば，図（a）と図（b）のどちらになるだろうか？

あなたの直観ではどうなりますか？　この問題は，高くて細長い煙突がどのように倒れるを示す簡単なモデルです（爆薬を使って古いビルが解体されるシーンをテレビで見たことがある人は，それを思い出してください）．

図 P.4 は，ふたりのボブスレー選手 A と B が摩擦のない 2 つの（異なる）経路でレースを始めようとしているところを描いている．初めの速さは，水平方向だけの v_0 である．A の経路は常に水平だが，B の経路はローラーコースターの経路に似ている．しかし，B の経路は A の水平な経路を超えることはない．さて，どちらの選手が勝つだろうか？（第 1 章の終わりに，答えがある）．

8% の上り坂（水平に 100 フィート（約 30 m）進むごとに道路の高さが 8 フィート（約 2.4 m）増える）の道路を走る自動車のドライバーが，前方の横断歩道の歩行者を見て，急ブレーキをかけた．そのとき車輪がロックし，タイヤは長さ 106 フィート（約 32 m）のスリップ痕（スキッドマーク）が残った．この区間の速度制限は時速 25 マイル（約 40 km/h）だが，ドライバーはスピード違反をしていたのだろうか？さらに，もし斜面が 8% の**下り坂**だった場合，答えはどのように変わるだろうか？（歩行者をはねた場合，この問題の答え（第 4 章を参照）は深刻な法的影響を生じる）．

以上のような問題を出しましたが，ここで，私が本書に含める問題をどのようにして選んだかという疑問に答えておきましょう．日常の世界は，煎

じ詰めると，魅力的な物理学に満たされているので，それらの細かい部分までをすべて扱えば，かなり大きな本が（そして，それを持ち上げるためのクレーンが）必要になります．そのため，本書には私自身の興味から選んだ問題と「普通の物理学」の代表的な問題を含めて，バランスよく「シンプルな物理学」を扱うという私の目標が達成できるようにしました．

しかし，いくつかの話題が欠けていることに驚く人もいるでしょう．構想段階では目次に含めていた項目，例えば，ドップラー効果や可変質量系（質量が変化する系）などは，本書にありません．これらは間違いなく重要ですが，本書は物理学の百科事典ではなく，どちらかといえば，「シンプルな物理学」のサンプル集といったものです．ドップラー効果は，単にページ数の関係で省きました．一方，可変質量系の問題（排出ガスによって本体の質量が減少するロケット，霧の中を落下しながら質量が増加する雨粒など）は，それらの解法が「シンプルな物理学」よりも複雑になるために省きました．しかしながら，大圏コースの高架真空チューブを使った高速輸送システムは，かなり高度な数学を必要としますが，**非常に面白い**話題なので本書に残すことにしました．

本当は，可変質量系の話は省きたくなかったのです．というのも，偉大なスコットランドの物理学者マクスウェル（James Clerk Maxwell（1831-1879年））に関する次の面白い話を入れたかったからです．1878年2月15日，英国，ケンブリッジのキャベンディッシュ研究所から送った友人宛の手紙の中で，（友人からの質問に対する返信として）マクスウェルは次のように書いています．「私は質量の変化する物体に運動法則を適用する方法を知りません．なぜなら負の質量をもった物体に対する実験などないからです．このような質問はすべて，"ケンブリッジ，マサチューセッツ（Cambridge, Mass.）"と表示して，アメリカ合衆国（U.S.）に送るべきです」．

マクスウェルが（物理学の他に）鋭いユーモアのセンスの持ち主としても有名だったことを知っていれば，この一見奇妙な文章が完全に意味をなすことに気づきます．彼が本当に言いたかったことは，可変質量の物体に運動法則を適用することに関する質問は "Cambridge, Mass." と宛名書き**すべきではなく**，"us（私たち）" に送るべきだ，ということです．この話を今ここに含めることができたので，これで良しとしましょう．

私が本書を著した主な目的の1つは，よく耳にするけれど完全に誤っている次のような考えを反駁(はんばく)することでした．それは「数学は定理，証明，退屈な九九表（かけ算表）の束である．そのため，新しい知識を生むことはなく，単にトートロジー（同語反復）でしかない」（以前，偶然に耳にした非常に間違った主張）という考えです．**トートロジー**とは「堂々巡り」の大げさな言い方です．例えば，長くて難儀な解析の後で，もしあなたのすべての方程式が $1 = 1$ になったとしたら，それは間違いではないが，新しくも面白くもありません！　この本の各章がトートロジー**ではない**ことに，あなたはきっと気づくと思います[14]．

　第1章は，この本に必要な数学の知識をあなたがもっているかどうかをすぐに確認できるように特別にデザインされています（そこにバックグラウンドとなる物理学がいくつも登場する）．それらを見てから，続きの章を読むのがよいでしょう．しかし，次の例でもあなたの数学力を素早く簡単にテストできます．

　以前，高校のスポーツイベントのときに，車のバンパーに張られていたステッカーに次の文章が書かれていました．「私たちはナンバー $\frac{1}{2}\log_{10}100$ だ」．これに対するあなたの反応は？　困惑しているなら「...」ですが，**笑っている**[†]ならば，おそらく本書の残りの章に対するあなたの準備はすべて**できているといえるでしょう**[15]．

注　釈

1) Mark Zemansky（1900-1981年）は，ニューヨーク市立大学のアメリカ人物理学教授でした．1949年に出版されて以来，現在13版まで使われている「University Physics（大学の物理学）」の共著者で，1950年代から現在に至るまで数え切れないほどの新入生が愛読した（人によっては怖い思いをした）テキストです．
2) 数理物理学者 George Darwin（1845-1912年）は，進化論で有名なチャールズ・ダーウィンの息子で，ケンブリッジ大学の天文学の教授でした．
3) ハリウッドの残酷な科学に対する謝罪についての教育的な本については，Tom Rogers: "Insultingly Stupid Movie Physics: Hollywood's Best Mistakes, Goofs, and Flat-Out Destructions of the Basic Laws of the Universe", Hysteria 2007 を参照．私が話しているこの例は，ロジャーズの本にはない話です．映画『スター・ウォーズ』では，アルデラーン（Alderaan）惑星が，ダース・ベイダーの邪悪な兵士

[†] （訳注）ナンバー $\frac{1}{2}\log_{10}100 \left(= \frac{1}{2}\log_{10}10^2 = \frac{1}{2} \times 2 = 1\right) =$ ナンバー1

によって，デス・スターから発射した光線武器で瞬時に消滅します．アルデラーンが地球の双子（同じ半径と質量）であると仮定すると，消滅させるために必要なエネルギーは，TNT の 5×10^{22} トンの爆発で放出されるエネルギーです．それは**かなりの** TNT です！ しかし，この状況設定を悪くさせているものは，武器のパワーがサイズ D のバッテリーで供給されるとしているところです．惑星を全滅させるのに必要なエネルギーの計算法を学びたい人は，拙著 "*Mrs. Perkins's Electric Quilt*", Princeton University Press, 2009, pp.150-152 を参照．

4) 例えば，I. Bernard Cohen (I. バーナード・コーエン（1914-2003 年)): "*Science and the Founding Fathers: Science in the Political Thought of Jefferson, Franklin, Adams, and Madison*", W. W. Norton, 1996 を参照．もっと短い読み物は A. B. Arons: "Newton and the American Political Tradition", *American Journal of Physics*, March 1975, pp.209-213.

5) Mary M. Crone and Marc She: "The Environmental Impact of Vacuum Decay", *American Journal of Physics,* January 1991, pp.25-32.

6) 「シンプルな物理学」と生物学は交差します．古典的な例は，生きている生物の大きさを決定するための代謝とサイズの関係です．すべての生き物が「大きさを測る」という特徴的な長さ L があるとすると，その生物の質量は L^3 で変化し，その表面積は L^2 で変化します．生物によって生成される内部の代謝熱は質量（L^3）のように変化しますが，その熱を散逸する能力は表面積（L^2）で変化します．ここで，$\lim_{L \to \infty} \frac{L^3}{L^2} = \infty$ なので，「大きすぎる」生き物はオーバーヒートします（30°F（約 −2℃）の天気で牧草地に 1,000 ポンド（約 450 kg）の馬が立っているのを見ても，おそらく居心地が悪くはならないでしょう）．一方，$\lim_{L \to 0} \frac{L^3}{L^2} = 0$ なので，「小さすぎる」生き物は凍りつくことになります．この最後の点は，Tom Rogers（注釈 3）が彼の優れた本で見落としている 1957 年の映画『縮みゆく人間（*The Incredible Shrinking Man*）』の基本的な欠陥です．

7) もちろん，Norden の爆撃機（「2 万フィート（約 6,100 m）の高さから漬け物樽に爆弾を置く」ことができると言われていた），レーダーとその対策，砲兵-シェル近接信管，およびドイツのエニグマ・コードの破壊など．しかし，原爆が究極的にナンバーワンだと私は信じています．

8) Cleve Cartmill: "*Deadline, Astounding Science Fiction*", March 1944.

9) William F. Jenkins（1896-1975 年）のペンネームである Murray Leinster のエッセイ "*Let's Call It a Hobby*" で読むことができます．これは，彼が編集した "*Great Stories of Science Fiction*", Random House, 1951 にあります．

10) Philip Ball: "*Serving the Reich: The Struggle for the Soul of Physics under Hitler*", Chicago University Press, 2014 や Jeremy Bernstein（ジェレミー・バーンスタイン）: "*Hitler's Uranium Club: The Secret Recordings at Farm Hall*", 米国物理学研究所，1996 および "*Operation Epsilon: The Farm Hall Transcripts*", University of California Press, 1993.

11) ウラン 235 の 1 kg（2.2 ポンド）の完全な核分裂は，TNT の 20,000 トンのエネル

ギーを放出する（原爆の詳細については，追記の 3 番目の例を参照）．

12) "On the Physics of the Atomic Bomb", *American Journal of Physics*, November-December 1947, p.513. ルーの計算は，数年前にアメリカのガジェットビルダーが行った計算と非常に似ています．ロバート・サーバー（Robert Serber, 1909-1997 年），*"The Los Alamos Primer: The First Lectures on How to Build an Atomic Bomb"*, University of California Press, 1992, pp.25-28 を参照．ロス・アラモスの人々は，自分の仕事についてとても悲しいユーモアのセンスをもっていました．サーバーは，設計された爆弾の 1 つが非常に巨大だったので，もし爆発すれば，地球上のすべての人を殺してしまうから，「配達可能」である必要はないと言いました．コードネームは「裏庭（バックヤード）」でした．なぜなら，どこで爆発しても問題はなかったからです．

13) ハーディー（Hardy（1877-1947 年））の 1940 年の著書『ある数学者の生涯と弁明（*A Mathematician's Apology*)』より．ハーディーは 20 世紀前半の最大の数学者の一人です．彼の主張は，本当に賢い人でさえも，後になって，自分たちが望んでいなかったことを言ってしまう例です．

14) トートロジーは数学に限った話ではありません．私の好きな例は，物理学専攻の（博士号を取得するための予備的な口頭試験で頭が一時的にボーっとした）大学院生が，厳しい試験から回復しているときに，うっかり口にするセリフ："Never before in history have things been more like they are today than they are right now."[†]

15) ここでは，もっと真面目で**実用的な**数学と物理学の質問があります．
    > 往復飛行（A から B へ行き，そして B から A に戻る）したとき，A から B に吹く定常風は，風が吹いていない場合と比べて，全飛行時間を増加させるか，減少させるか，あるいは変えないか？

    推測しないでください—数学的な解析を行います（それは単なる高校の代数）．答えは第 1 章の最後にあります．

[†] 訳注：このセリフに現れる today と right now は同じ意味です．このように，同じ言葉が繰り返されるのがトートロジーです．

第 1 章

数学はお好き？

How's Your Math?

> 数学が無かったらこの世界はどんなだったろう，
> 恐ろしい情景になっていただろうか？
> ——シドニー・スミス[1]（1835 年，7 月 22 日付けの手紙に）

　この第 1 章において，「日常生活」で生じる（あるいは，生じるかもしれない）「シンプルな物理学」で遭遇する数学の例題をいくつか述べます．これらの問題の意図は誰でも理解できますが，問題を解くには少なくとも解析的な思考が要求されます．数学の例題はどれも異なっていますが，徐々に難易度が上がっていくという特徴で「統一」（この言葉を使ってもよければ）されています．それぞれの例題を読みながら，あなたが自問自答すべき重要なことは，この議論についていけるだろうか，ということです．「Yes」と答えられるならば，たとえ最初から一人で詳しく解析できなくても，この本に対するあなたの理解力は十分だといえます．

例 題 1

　解析的な思考の最初の例題は，フォーマルな数学というよりも**論理**と常識（点灯した白熱電球は熱くなる，といったもの）が少しだけ要求される問題です．序章の注釈 15 にあった「風と飛行機の問題」と一緒に，第 1 章の終わりに答えを示します．

いま，あなたの家の屋根裏部屋には100ワットの電球があり，地下室には3個の電気スイッチがあるとする．3個のスイッチはすべてオンとオフの切り替えだけで，そのうちの1個だけが電球のオン・オフに関係しているが，それがどのスイッチなのかをあなたは知らない．最初，すべてのスイッチはオフ状態だとする．電球のスイッチを探す1つの方法は，次のような自明なやり方である．スイッチの1個をオンにしてから，屋根裏部屋へ行き電球が付いているかを調べる．点灯していれば，そのスイッチが電球用のものだとわかる．もし点灯していなければ，まだオンにしていないスイッチが電球に関係している．そのため，せいぜい2回，屋根裏部屋に行けば，電球用のスイッチがわかる．

しかしながら，屋根裏部屋に1回行くだけで電球のスイッチが**必ず決まる**手順がある．それは，どのような手順だろうか？

例　題　2

この問題も実際には数学を使いませんが，やはり，論理的な推論が必要です（それと運動エネルギーとポテンシャルエネルギーの**基礎的な理解**も必要）．

銃を真上に向けて撃ったとする．弾は空中を真上に飛んでいる．空気抵抗を考慮すると，弾が頂点まで飛んでいく時間は弾が頂点から地面に落下してくる時間よりも長いか，短いか？

空気の抵抗力に関する法則の詳細が必要だと思うかもしれないが，そうではありません．必要なのは，空気抵抗があるということだけです[2]．地球の重力は弾が運動する間，一定であると仮定します（重力は弾の高度に無関係である，といっても同じ）．第1章の終わりに答えを示します．

ヒント：ポテンシャルエネルギーは位置のエネルギー（地表面をポテンシャルエネルギーのゼロにとれば，高さ h にある質量 m の物体は mgh のポテンシャルエネルギーをもっています．g は重力加速度で約32フィート$/s^2$（約 $9.8\,\mathrm{m/s^2}$））で，運動エネルギーは運動のエネルギーです（速さ v で運動

する質量 m の物体は $\frac{1}{2}mv^2$ の運動エネルギーをもっている）．

例 題 3

　この問題には少し数学が必要ですが，実際には，非常に大きな数の掛け算と割り算を含む計算だけです．フレドリック・ブラウンによる 1956 年の SF 小説『遠征隊』で，次のような状況が仮定されています．

　　火星に植民地を作るための 1 号ロケット内には 30 個の席があり，男性 500 人と女性 100 人の集団から適当に 30 名を選んで，席を埋めることになっている．このとき，男性 1 名と女性 29 名で埋まる確率はいくらだろうか？

　30 席を左から右に一列に並べ，600 人の集団から**性別に関係なく**席を区別して埋める方法（各人は皆区別できるものと仮定）の全数を計算します．その数 N_1 は[3]

$$N_1 = (600)(599)(598)\ldots(571) = \frac{600!}{570!}$$

です．次に，N_2 を男性 1 名と女性 29 名で席を区別して埋める方法の全数とすれば，求めたい確率は $P = \frac{N_2}{N_1}$ です．N_2 は次のように計算します：

　　1 名の男性に対する席の選び方には 30 通りあります．

そして，

　　　　その席に座る男性の選び方には 500 通りあります．

したがって，

$$N_2 = (30)(500)(100)(99)(98)\ldots(72) = 15{,}000\frac{100!}{71!}$$

となるので，P に対する**フォーマルな**答えは

$$P = \frac{15{,}000\frac{100!}{71!}}{\frac{600!}{570!}} = 15{,}000\frac{(100!)(570!)}{(71!)(600!)}$$

です．**フォーマルな**答えという意味は，P に対して数値をまだ計算していないからです．

この式の階乗はすべて非常に大きな数なので，ポータブル計算機で直接に計算することはできません（私の計算機では初めの 71! でダメになる）．そこで，もっと扱いやすくするために，$n!$ に対してスターリングの公式[4]$n! \sim \sqrt{2\pi n}e^{-n}n^n$ を使います．そうすれば，

$$P = 15{,}000\frac{\left(\sqrt{2\pi}\sqrt{100}e^{-100}100^{100}\right)\left(\sqrt{2\pi}\sqrt{570}e^{-570}570^{570}\right)}{\left(\sqrt{2\pi}\sqrt{71}e^{-71}71^{71}\right)\left(\sqrt{2\pi}\sqrt{600}e^{-600}600^{600}\right)}$$

$$= \left\{15{,}000e\sqrt{\frac{(100)(570)}{(71)(600)}}\right\}\left\{\frac{(100^{100})(570^{570})}{(71^{71})(600^{600})}\right\}$$

$$= \left\{15{,}000e\sqrt{\frac{(100)(570)}{(71)(600)}}\right\}\left(\frac{100}{71}\right)^{71}100^{29}\left(\frac{570}{600}\right)^{570}\frac{1}{600^{30}}$$

$$= \left\{15{,}000e\sqrt{\frac{(100)(570)}{(71)(600)}}\right\}\left\{\left(\frac{100}{71}\right)^{71}\right\}$$
$$\times \left\{\left(\frac{570}{600}\right)^{570}\right\}\left\{\left(\frac{100}{600}\right)^{29}\right\}\left\{\frac{1}{600}\right\}$$

となり，カッコの中の各因子はポータブル計算機で簡単に計算できます．その結果は

$$P = 1.55 \times 10^{-23}$$

です．

この結果からわかるように，ブラウンの物語の仮定は**とてもあり得ない**ものです．でも，それはどうでもよいことです．なぜなら，「とてもあり得なくても」不可能ではないからです．そのうえ，この話はとても愉快な物語なので，このような懸念[5]を忘れて，楽しむだけの価値があります．

例　題 4

2 次方程式は数理物理学でよく出てきます（第 9 章にもこの例がある）．この問題は，*Parade Magazine* コラム（2014 年，7 月）に投稿されたもので，多くの読者に高校での代数の授業を思い出させます．読者は，サバント（Marilyn vos Savant）が計算ミスをしたことを知ると，安堵感をもつかも

しれません（が，注意深い読者によって彼女のミスは訂正された．その後，7月13日のコラムで本人がその間違いを率直に認めたのは立派である）．

ブラッドとアンジェリーナは一緒に仕事をすると，作業を終えるのに6時間かかる．もし一人でする場合，ブラッドはアンジェリーナが一人で作業をし終える時間よりも4時間余計にかかる．それでは，各人がその作業を一人でし終えるには何時間かかるか？

アンジェリーナの時間を x とすれば，ブラッドの時間は $x+4$ です．したがって，その作業を片付けるアンジェリーナの**割合**は1時間当たり $\frac{1}{x}$ で，ブラッドの割合は $\frac{1}{x+4}$ です．そこで，6時間のうちに，アンジェリーナはその作業の $\frac{6}{x}$ を終え，ブラッドは $\frac{6}{x+4}$ だけ終えます．これら2つを合わせると作業が完了する（つまり，1になる）ので，$\frac{6}{x} + \frac{6}{x+4} = 1$ が成り立ちます．分母を払うと，$6(x+4) + 6x = x(x+4) = x^2 + 4x$ から $12x + 24 = x^2 + 4x$ なので

$$x^2 - 8x - 24 = 0$$

となります．2次方程式の解の公式から，解は

$$x = \frac{8 \pm \sqrt{64+96}}{2} = \frac{8 \pm \sqrt{160}}{2} = \frac{8 \pm 4\sqrt{10}}{2} = 4 \pm 2\sqrt{10}$$

です．x は正の値でなければならないから，＋記号のほうを選びます（負の場合，$x < 0$ となる）．その結果，$x = 4 + 2\sqrt{10} = 10.32$ なので，一人で作業をすれば，アンジェリーナは10.32時間，ブラッドは14.32時間かかることがわかります．

この解析の根底にある仮定は，一緒に仕事するとき，ブラッドとアンジェリーナは独立に仕事をしていること，そして，干渉がないことです．これは必ずしも必要ではなく，作業の性質に依存します．例えば，「作業」がトラック配送だとします．ブラッドはAからBまで1時間で行けるとし，またアンジェリーナも同じトラックでAからBまで1時間で行けるとします．そこで，彼女たちが一緒に同じトラックでAからBまで行くとしたら，何時間かかるでしょうか．やはり，1時間です．もっと呆れた論理の乱用は，1人の兵士が1個の避難壕を30分で掘ることができれば，1,800人の兵士

だとたった1秒で1個の避難壕が掘れるという考え方です．

例題5

図 1.1 のように，バッテリー（内部抵抗 $r > 0$ オームがある）が抵抗値 R オームの抵抗につながれ，バッテリー端子間には V ボルトの電位差がある（バッテリー内に電流が流れていないとき）．最大のパワーを抵抗に供給できるように R の値を決めよ．

このような問題はふつう微分を使って解かれますが，微分まで使わなくとも簡単な代数だけで解けるのです．

回路を流れている電流 I はオームの法則（これがよくわからない人は第8章の注釈1を参照）から

$$I = \frac{V}{r+R}$$

です．R で（熱として）消費されるパワー P は

$$P = EI = (IR)I = I^2 R$$

より（E は抵抗 R 間での電圧降下）

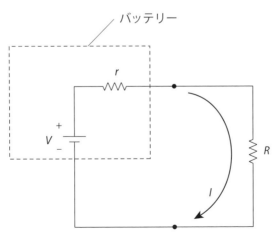

図 1.1　最大のパワーを消費する R の値を求めよ

$$P = V^2 \frac{R}{(r+R)^2}$$

となります．

明らかに，$R = 0$ のとき $P = 0$ で，また $R = \infty$ のときも $P = 0$ です．したがって，ゼロと無限大の間に P を最大値にする R の値があるはずです．この値は微分（P を R で微分してから，その式をゼロとおく）で簡単に求まるが，必要なのは次のような計算だけです．

$$P = V^2 \frac{R}{r^2 + 2Rr + R^2} = V^2 \frac{R}{r^2 - 2Rr + R^2 + 4Rr}$$
$$= V^2 \frac{R}{(r-R)^2 + 4Rr} = V^2 \frac{1}{\frac{(r-R)^2}{R} + 4r}$$

この式の最右辺の分母を最小にすれば，P が最大になるのは明らかです．それは $R = r$ のときです（なぜなら，分母の1項目（決して負にはならない）をできる限り小さくする，つまり，ゼロになるから）．したがって，$R = r$ のとき R の最大のパワーは $\frac{V^2}{4R}$ となります．

例 題 6

この例題で，簡単な幾何学を物理学と組み合わせたら，地球から月までの距離を素晴らしい精度で測定できることがわかるでしょう．まず，この問題に必要な物理は，**図 1.2** のように，鏡に入射する光線が入射角と同じ角度で鏡から反射されるというアイデアです．この現象は，BC3世紀頃にユークリッドによって初めて指摘されたものですが，その説明がなされたのはそれから数百年後のAD1世紀でした．それは，アレクサンドリアのヘロンが，「反射の法則は光線 ARB が**最短の反射経路長である**」という仮定の結果であることを見つけたときです（鏡に関する著書 "*Catoptrica*"）．つまり，鏡面上の点Rが $\theta_i \neq \theta_r$ であれば，得られる全長は増加します．ヘロンの発見は数理物理学における**最小作用の原理**の最初の例でした．この原理は，現代の理論物理学で中心的な役割を担っています．

ヘロンが簡単な幾何学を使って，鏡面反射の法則をどのように証明したかを説明しましょう．目的地点Bが鏡から上側の距離 d にあれば，Bの反射

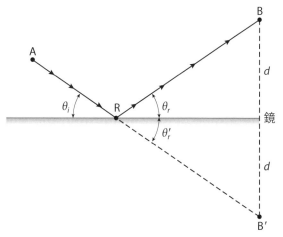

図 1.2 ヘロンの反射の法則に対する幾何学

点（B′）は鏡の「下側」の距離 d にあります．したがって，RB と RB' は 2 つの合同な直角三角形の長さの等しい斜辺なので，$\theta'_r = \theta_r$ が成り立ちます（図 1.2 を参照）．いま全経路は $AR + RB = AR + RB'$ で，この最後の和は A から B′ までの経路長です．A から B′ への最短距離（それは，反射経路に対する最短距離でもある）は直線に沿ったものなので $\theta'_r = \theta_i$ を意味します．これから $\theta_i = \theta_r$ であることがわかります．証明はこれで終わり．

反射の法則は，次のような**コーナーキューブ反射器**という光学機器に応用されています（**図 1.3** を参照）．この小さな装置は，1969 年**アポロ 11 号**の宇宙飛行士が地球から月までの距離を 2.5 m 以内の精度で測定したときに使われました．鏡 1 までの入射光の経路はベクトル成分の表記で (r_x, r_y)，反射光の経路は $(r_x, -r_y)$ です[6]．つまり，経路ベクトルの 1 つの成分は反転し，もう 1 つの成分はそのままです．x 軸に沿って置かれている鏡 1 は y 成分を反転します．反射光は y 軸に沿って置かれている鏡 2 まで続き，そこで経路ベクトルの x 成分が反転して，鏡 2 から $(-r_x, -r_y) = -(r_x, r_y)$ の反射光の経路ベクトルが与えられます．これがオリジナルの入射光の経路ベクトルの**全反転**です．ここで注意してほしいことは，鏡 2 からの反射光は鏡 1 での入射光と**完全に平行**，つまり，側面に沿ってオフセットがあり，方向が**反転**していること，そして，これらは角度 α に**無関係**だということ

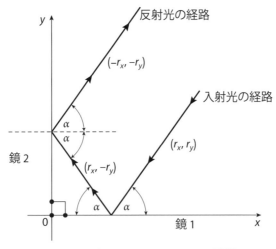

図 1.3 2次元のコーナーキューブ反射器

です.

　3次元でも同じようにできるでしょうか？　答えは「Yes」．それは，次の説明で簡単にわかります．鏡は，鏡に**垂直な**入射光の経路ベクトル成分を反転させ，他の成分はそのままにします（2次元の議論に戻れば，そこで何が起こったかがわかるでしょう）．そのため，**3次元の**コーナーキューブ反射器（3つの互いに直交した鏡で作られた立方体を考え，その内部のコーナーを x, y, z 座標系の原点に定義した装置）の場合，鏡1，鏡2，鏡3がそれぞれ xy 面，xz 面，yz 面に沿って置かれていると想像しましょう．そのとき，鏡1からの反射光はその z 成分を反転させ，鏡2からの反射光は y 成分を反転させ，鏡3からの反射光は x 成分を反転させます．

　入射光が3つの反射を終えると，コーナーキューブ反射器から正確に反転した向きに光が現れます．入射光が1個（か2個）の鏡だけにぶつかるような特別な場合は，入射光が1個（か2個）の鏡に平行に到達する簡単な場合になります．そのため，経路ベクトルの成分の1個（か2個）はゼロになります（もちろん，ゼロの反転はゼロ）．**アポロ11号**の宇宙飛行士が月面に設置した多数のコーナーキューブ反射器が，地球から発射される（ピコ秒[7]の）**非常に短い**レーザーパルスの標的でした．コーナーキューブ反射器は反射パルスを，その発信がなされた場所に向かってほぼ正確に送り

返しました．地球と月との往復にかかる時間から，その間の距離がわかります．このような測定により，月が非常にゆっくりと地球から離れていっていることがわかりました（1 年に 1.5 インチ（約 4 cm））．この理由は第 10 章でわかるでしょう．

例 題 7

興味深い物理的設定において，高校レベルの三角法が役立つ簡単な例題があります．それは，米国の原爆プロジェクトに関するロバート・サーバーの本（序章の注釈 12 を参照）にある，ロスアラモスの科学者たちが研究した次の問題です．

次の方程式

$$x\cos(x) = (1-a)\sin(x)$$

において，a の特定な値に対する x の**正の解**を求めよ（$x \leq 0$ の解は，原爆設計者にとって**物理的**に興味はなかった）．

この問題に答える最も直接的な方法は，両辺の式をそれぞれプロットして両者が交差する点を探すことです．**図 1.4** は $a = \frac{1}{2}$ の場合を描いています．

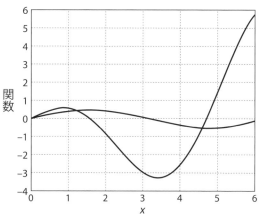

図 1.4　$x\cos(x) = \frac{1}{2}\sin(x)$ を解く

このプロットから，正になる最初の近似解は $x \approx 1.2$ であり，2 番目の近似解は $x \approx 4.6$ です．もちろん，図 1.4 で $x = 6$ より大きな場所までプロットすれば，正の解は無数にあります．（私はコンピュータを使ってこの図を描いたが）これは骨の折れる仕事で，実際，パラメータ a を変えながら計算を続けていると飽きてきます．しかし，ロスアラモスの研究所には，このような計算を一日中やってくれる大量の作業員がいました．

例題 8

> パイが存在しなかったら，丸いパイはなかっただろう．
> ——著者が 10 歳のときに初めて授かった「科学的」お告げ

パイが 3 よりも少しだけ大きな数で（22/7 にきわめて近いことを，2,000 年以上前にアルキメデスが示したが），もっと正確にいえば 3.14159265...ということは誰でも知っています．では，パイの値はどのようにしてわかるのでしょうか？　もちろん，円の周長（円周）と直径との比がパイです．しかし，パイの値を 10 進数字[8]の数億，**数兆**まで決める方法はどのように説明されるのでしょうか？　そのような精度まで長さを**測る**ことはできません．それでは，パイの値はどのように**計算する**のでしょうか？　（パイの）記号 π は，物理学者や他の科学者や工学者たちに使われる多くの公式に現れるため，これは重要な疑問です．

簡単な答えは，無限級数展開を使って計算することです．例えば，

$$\int_0^1 \frac{dx}{1+x^2} = \tan^{-1}(x)\Big|_0^1 = \tan^{-1}(1) - \tan^{-1}(0) = \frac{\pi}{4}$$

を知っていれば（大学 1 年の微積分の授業を受けていたら）

$$\frac{1}{1+x^2} = 1 - x^2 + x^4 - x^6 + \ldots$$

と書けるので（長い割り算をすれば導けますが，単に簡単な掛け算でも確認できる）

表 1.1 ゆっくりした π の計算

必要な項の数	部分和
100	3.1......
1,000	3.14.....
10,000	3.141.....
100,000	3.1415......

$$\frac{\pi}{4} = \int_0^1 (1 - x^2 + x^4 - x^6 + \ldots)\,dx = \left(x - \frac{1}{3}x^3 + \frac{1}{5}x^5 - \frac{1}{7}x^7 + \ldots\right)\bigg|_0^1$$

となり，結局

$$\pi = 4\left(1 - \frac{1}{3} + \frac{1}{5} - \frac{1}{7} + \ldots\right)$$

となります．

　この有名な結果[9]は理論的には正しいのですが，残念なことに，級数の収束が**非常に**遅いので，**π の計算**にはあまり役立ちません．スイス生まれの偉大な数学者オイラー（Leonhard Euler（1707-1783 年））はこの計算方法について，50 桁まで得るには「ほとんど永遠に働かねばならないだろう」と書いています（1737 年）．この主張を説明するため，**表 1.1** に，和のなかで必要な項の数と，そのときの部分和を書いています．この表からわかるように，π に対する正しい桁を**それぞれ**決めていくためには，項の数を 10 倍しなければなりません（省略したドットは和が正しい桁を与え損なう場所を表している）．明らかに，もっと収束の速い（つまり，非常に少ない項だけで正しい桁数までの計算ができる）級数が必要です．

　これは難しいことではなく，必要なのは今やった計算を次のように少し修正するだけです．積分の上限を変えて

$$\int_0^{1/\sqrt{3}} \frac{dx}{1+x^2} = \tan^{-1}(x)\bigg|_0^{1/\sqrt{3}} = \tan^{-1}\left(\frac{1}{\sqrt{3}}\right) = \frac{\pi}{6}$$

と書くと

$$\frac{\pi}{6} = \frac{1}{\sqrt{3}} - \frac{1}{3}\frac{1}{\sqrt{3}}\frac{1}{3} + \frac{1}{5}\frac{1}{\sqrt{3}}\frac{1}{3^2} - \frac{1}{7}\frac{1}{\sqrt{3}}\frac{1}{3^3} + \cdots$$

となり

$$\pi = 2\sqrt{3}\left(1 - \frac{1}{3 \cdot 3} + \frac{1}{3^2 \cdot 5} - \frac{1}{3^3 \cdot 7} + \cdots\right)$$

です.

この級数は急速に収束し，初めの10項だけの和で初めの5桁を正しく与えます．英国の天文学者シャープ（Abraham Sharp（1651-1699年））は，この級数の初めの150項を使ってパイを初めから72桁まで計算しました（1699年）．物理学者にとって，これは十分すぎる値です．

例 題 9

ある日，算数の苦手なカエルが大きな池に浮いている小さな睡蓮の葉に座っていた．睡蓮の葉は一晩で2倍の大きさになる．この日，葉は池を八分の一だけ覆っていた．カエルは広々とした水面を楽しく眺め，何の心配もしていなかった．それから3日後に，カエルは眠っている間に池が消えてしまったことに気づいた．
——身近な危険を無視したカエルの悲しい話

ここに，本当に今日的な不安に対して，微積分の簡単な応用があります．ある増大率で着実に消費されている**有限**で再生不能な資源があるとします．つまり，資源の減少が指数関数的に進行している状況です．この場合，今日消費される資源の量が r_0 で，消費される割合が一定の値 k であれば，

$$r(t) = r_0 e^{kt}, \quad t \geq 0$$

が成り立ちます．このような資源には，例えば，オイルがあります．もし r_0, k, V（資源の未使用量）がわかれば，資源の枯渇するまでの時間 (T) が計算できます．オイルの場合，r_0 と k の値は簡単に測定できますが，V はほとんど当てずっぽうです．**現在**，世界中でどれくらいのオイルが残っているでしょうか？ 10人の「専門家」に尋ねれば，10個の異なる答えが返

ってくるでしょう．

オイルに対して，現在の消費量を $r_0 = 6 \times 10^7$ m^3/日，そして，1 年当たり $k = 7\%$ としましょう．V に対してどのような値をとっても，その値を小さすぎると考える人は常にいます．そこで，その値は小さすぎるといった文句が誰にもできない値に仮定しましょう．それは，**地球全体**がオイルだという仮定です．そうすれば，「まだ見つかっていない埋蔵量がある」とは誰も言えません．地球の半径は 6.37×10^6 m なので，地球の体積は

$$V = \frac{4}{3}\pi \left(6.37 \times 10^6\right)^3 \text{ m}^3 = 1.083 \times 10^{21} \text{ m}^3$$

です．これがオイルの全量で有限な値です．ここで問題を出します．

オイルが車の排気筒から完全に消えてしまうまでに，どれくらいの時間がかかるか？

微小な時間 dt' の間に消費されるオイルの量は $r(t')\,dt'$ なので，時刻 $t' = 0$ から $t' = t$ までに消費されるオイルの量は

$$\int_0^t r(t')dt' = \int_0^t r_0 e^{kt'} dt' = r_0 \left(\frac{e^{kt'}}{k}\right)\bigg|_0^t = \frac{r_0}{k}(e^{kt} - 1)$$

です．定義より，$t = 0$ から $t = T$ までの消費量がオイルの**全量** V に等しいので

$$V = \frac{r_0}{k}\left(e^{kT} - 1\right)$$

となります．これを T について解けば

$$T = \frac{1}{k}\ln\left(\frac{kV}{r_0} + 1\right)$$

です．$k = (1 \text{ 年当たり}) \, 0.07 = (1 \text{ 日当たり}) \, 1.92 \times 10^{-4}$ なので，T は

$$T = \frac{1}{1.92 \times 10^{-4}} \ln\left(\frac{1.92 \times 10^{-4} \times 1.083 \times 10^{21}}{6 \times 10^7} + 1\right) \text{ 日}$$

$$= (5{,}208) \ln\left(0.3466 \times 10^{10}\right) \text{ 日}$$

$$= (5{,}208)(21.966) \text{ 日} = 114{,}399 \text{ 日} = 313 \text{ 年}$$

そのため，3世紀経ったら地球の全オイルは枯渇します．これは困ります！

しかし，待ってください．月から帰還した宇宙飛行士が月にもっとオイルがあるのを発見しています．そう，月もすべてオイルです．自転車の乗り方を学ばねばならないと思っていた車のオーナーたちの歓喜の声が，世界中の都市にこだまします．世界は救われるのです．でも，本当にそうなるのでしょうか？ いま私たちが計算すべきものは，月のオイルによって現在のオイル消滅の日がどれくらい先に延びるかということです．

月の半径は 1.74×10^6 m なので，月の体積は

$$\frac{4}{3}\pi \left(1.74 \times 10^6\right)^3 \text{ m}^3 = 0.022 \times 10^{21} \text{ m}^3$$

です．したがって，地球と月を一緒にして計算すると

$$V = \left(1.083 \times 10^{21} + 0.022 \times 10^{21}\right) \text{ m}^3 = 1.105 \times 10^{21} \text{ m}^3$$

より

$$T = \frac{1}{1.92 \times 10^{-4}} \ln\left(\frac{1.92 \times 10^{-4} \times 1.105 \times 10^{21}}{6 \times 10^7} + 1\right) \text{日}$$
$$= (5{,}208) \ln\left(0.3536 \times 10^{10}\right) \text{日}$$
$$= (5{,}208)(21.986) \text{日} = 114{,}503 \text{日}$$

となります．地球だけでなく月のオイル全体を消費しても，伸びるのはたった104日だけです．そのあとは，本当に「ガス欠」となります．

この数学小話は，偉大なアメリカの発明家トーマス・エジソンの愉しい逸話を思い出させます．発明家エジソンは正規の教育をほとんど受けていませんでしたが，教育の価値を理解していました．そして，彼は賢い人がときどき経験不足で手間取っているのも見逃しませんでした．例えば，エジソンは若い数学者を雇って，新しい電球の体積を求めるように頼みました．電球は波のようにうねった形をしていたので，数学者はその形状を慎重に複雑な式で表してから，数時間かけて3重積分を計算して体積を求めました．そして，結果をエジソンに誇らしげに見せました．エジソンはその男を素晴らしい数学者だと褒め称えました．なぜなら彼の計算結果はエジソン自身の値と一致していたからです．エジソンはその結果をたった30秒で得ていまし

た．驚いた数学者がどのようにして求めたのかと尋ねると，エジソンは（一言も言葉を発せず）ただ電球に水を満たし，それから目盛りの付いたガラス製ビーカーに電球内の水を注ぎました．

エジソンは言っています．数学は偉大だけど，「松葉づえ」としてではなく，「道具」として使いなさい．

例題 1 の解

3個のスイッチのうちの1個をオンにして，そのまま1分ほど待ちます．それから，そのスイッチをオフにします．その後，残りの2個のスイッチのどちらか1個をオンにして，屋根裏部屋に行きなさい．もし電球が点いていたら，オンに入れたままのスイッチが電球のスイッチです．電球が点いていなければ，それに触りなさい．もし熱ければ，あなたがオンにしてからオフにしたスイッチが電球のスイッチです．もし電球が冷たければ，3番目のスイッチ（あなたが触っていないスイッチ）が電球のスイッチです．

例題 2 の解

上昇しているときの弾は，空気抵抗のためにエネルギーを不可逆的に失うだけでなく，運動エネルギーをポテンシャルエネルギーに変換します．そのため，弾が最大の高さに到達すると，弾が初めにもっていた運動エネルギーよりも小さなポテンシャルエネルギーをもって落下し始めます．ところで，ポテンシャルエネルギーは，弾の上昇・下降にかかわらず同じ高さであれば等しいので，どの高さでも残りのエネルギー（つまり，運動エネルギー）は上昇中よりも下降中のほうが小さくなります．つまり，どの高度でも弾が落下するときのほうが，上昇するときよりも**常にゆっくりと動く**ので，落下のほうが上昇よりも時間が長くかかることになります．

序章のボブスレー問題の解

図 P.4 を見ると，A はすべての**瞬間**で水平方向の速さ v_0 をもっている

（そして，鉛直な速さ成分をもたない）ことがわかります．しかし，Bは下方に動いているときは常に v_0 よりも**大きな**水平方向の速さをもっています．なぜなら，Bは加速されるからです．でも，**なぜ**Bは加速されるのでしょうか？　水平な面上で静止している質量はこの面に力を及ぼしますが，その面からも質量に同じ大きさで向きが逆（上向き）の反作用力がはたらきます．もし反作用力が上側の質量から受けている下向きの力と等しくなければ，質量は加速され，静止しては**いない**でしょう．このことは，質量が動いているときでも成り立ちますが，質量Bが曲がった経路に沿って上下に動くときには，この反作用力は水平方向の成分ももちます．つまり，Bが下側に動くときは右向きの（Bを加速する）力，上側に動くときは左向きの（Bを減速する）力です．Bが上側に動くとき，水平方向の速さは当然減少して v_0 に戻りますが，v_0 よりも小さくなることはありません（摩擦がないので）．このためBの水平方向の速さは，どの瞬間でもAの速さに等しいか，それ以上なので，Bがレースに勝つことになります．この結論はBの経路の詳細や経路の長さにも無関係であることに注意してください（Bの経路は数学者が**振る舞いがよい**と呼ぶもの．つまり，Bが経路の壁でぶつかったり，飛び出したりするような鋭い角をこの経路はもっていない）．

序章の注釈 15 の問題の解

d をAとBの間の距離，s を静止した大気内での飛行機の速さ，w を風の速さとします．そのとき，全往復旅行の時間 T は風と一緒に飛んでいる時間と，風に逆らって飛んでいる時間の和で与えられるから

$$T = \frac{d}{s+w} + \frac{d}{s-w} = \frac{d(s-w) + d(s+w)}{(s+w)(s-w)}$$

$$= \frac{2sd}{s^2 - w^2} = \frac{2sd}{s^2\left(1 - \frac{w^2}{s^2}\right)} = \frac{2d}{s}\left[\frac{1}{1 - \left(\frac{w}{s}\right)^2}\right]$$

です．風がないとき $(w=0)$ は $T = \frac{2d}{s}$ です．一方，$w > 0$ のときはカッコ内の分母はもっと小さくなるので，$T > \frac{2d}{s}$ です．そのため，定常風は全旅程の所要時間を**常に増大**させます．

ここで，$w = s$ の特別な場合，何が起こるかは式を見ただけでわかりま

す．旅行の帰路部分は，速さ s の飛行機が同じ速さの向かい風に面しているので，飛行機は動きません．そのため，飛行機は A に戻ることはできません（つまり，$w = s$ のとき $T = \infty$ になる）．

注 釈

1) Sydney Smith（1771-1845 年），英国人牧師で機知に富んだ人生に関するコメンテーターでした．
2) 仮定すべきことは，空気の抵抗力の法則 $f(v)$ が**物理的に理に適っている**ということだけです．ここで，v は弾の速さです．つまり，次の 3 つの条件が成り立つことを意味します．(1) $v > 0$ のとき $f(v) > 0$，(2) $v = 0$ のとき $f(v) = 0$，(3) $f(v)$ は v の増加とともに単調に増加します．
3) 因数記号で N_1 を書いています．もし n が正の整数であれば，$n! = (n)(n-1)(n-2)\ldots(3)(2)(1)$ です．例えば，$4! = 24$．少しわかりにくいかもしれませんが，$n! = n(n-1)!$ に着目すれば，$0! = 1$ であることがわかります．これは納得できますか？（$n = 1$ を代入してください）．
4) スコットランドの数学者 James Stirling（1692-1770 年）にちなんだ名称ですが，実際に発見（1733 年）したのはフランス生まれの英国人数学者ド・モアヴル（Abraham de Moivre（1667-1754 年））でした．e の値はもちろん 2.7182818…で，これは数学で最も重要な数値の 1 つです．この漸近近似は，近似自体は非有界な**絶対的誤差**をもっていますが，その**相対的**誤差はゼロに漸近するという性質をもっています．そのため，等号の記号ではなく $\sim$ 記号を使います．つまり，$E(n)$ がある関数 $f(n)$ に対する漸近近似であれば $\lim_{n \to \infty} |E(n) - f(n)| = \infty$ ですが，$\lim_{n \to \infty} \frac{|E(n) - f(n)|}{f(n)} = 0$ となります．
5) ブラウンがこの仮定にどこで出会ったかを暴露して，物語を台無しにするつもりはありませんが，もしその謎に興味があれば，"*Fantasia Mathematica*", Clifton Fadiman, ed., Simon and Schuster, 1958 の『遠征隊（*Expedition*）』を見るとわかります．私は長い間，ブラウンの物語はビル・ヘイリーとヒズ・コメッツ（Bill Haley and the Comets）による 1954 年のヒット曲 "Thirteen Women and Only One Man in Town" からヒントを得たのではないかと思っていました（核戦争で生き残った孤独な男のファンタジー）．
6) 光線の経路のベクトル表記は，光線内の個々の光子の位置ベクトルと考えることもできます．
7) そのように短いパルスの理由は，光速の莫大な大きさです．光は 1 ナノ秒で 1 フィート（約 0.3 m）進むので，1 インチ（2.54 cm）の移動にはナノ秒の $\frac{1}{12}$ だけかかります．月の後退を正確に測定するには，タイミングはナノ秒の $\frac{1}{12}$ よりも**小さな数**でなければなりません．
8) 物理学者，工学者，そして他の科学者たちはパイを 5，6 桁以上知る必要はほとんどありません．それではなぜ**数兆桁**も？ **なぜか**という答えの 1 つは，数学者たちがパイの桁は一様に分布しているかということに疑問をもっているからです．荒っぽく言えば，

0, 1, 2, . . . , 8, 9 のそれぞれの数字がランダムに 10% ずつ現れるか，という疑問です．数学者たちは，この問いを「実験的に」調べるために，このような数兆の桁を必要としているのです（私の知る限り，パイの桁は**いまのところ一様に分布**している）．

9) これはフランスの数学者ライプニッツ（Gottfried Leibniz（1646-1716 年））によるものです．彼は 1674 年にこれを発見しました．ライプニッツはこの式に非常に魅せられたので「主は奇数を愛している」とコメントしましたが，明らかに，先頭にある**偶数**の係数 4 を見落としています．

第 2 章

信号無視はダメ
The Traffic-Light Dilemma

> 信号が黄色になった，どうしよう？
> アクセルを踏むべきか，ブレーキを踏むべきか？
> 間違わないことだけを願う！
> ——著者

　この軽妙な句は（ほんものの詩人たちに対してお詫びしますが），車のドライバーなら誰もがよく直面する運転中のジレンマを反映しています．多くの場合，その決断は明らかです．しかし，時々明らかで**ない**場合があります．あるいは，瞬時に決断できないものもあります．あなたは「突進して」信号が赤に変わる前に車の後部が交差点を過ぎるように祈るべきか？　あるいは，ブレーキを踏んで車のフロントが交差点の手前で止まるように祈るべきか[1]？

　まず，この問題に使う「シンプルな物理学」の復習から始めましょう．物体が一定の速さ V で動いているとき，時間 T の間に物体は距離 $s = VT$ だけ動きます．しかし，その物体が一定の大きさ a の加速度で**加速されていれば**，時刻 $t \geq 0$ での速さは

$$v(t) = V + at$$

で，時刻 T までに走る距離は（$0 \leq t \leq T$）

$$s = \int_0^T v(t)dt = \int_0^T (V + at)\,dt = VT + \frac{1}{2}aT^2$$

です．

　次に，速さ V で動いている物体が，時刻 $t=0$ のときから一定の大きさ b の加速度で減速されている場合を考えましょう．この場合，物体が止まる（物体の速さがゼロになる）までにかかる時間はどれくらいでしょうか？物体の速さは

$$v(t) = V - bt$$

なので，$t = \frac{V}{b} = T$ のときに $v(t) = 0$ となります．したがって，減速中に物体が進む距離は

$$s = \int_0^T v(t)dt = \int_0^T (V - bt)dt = VT - \frac{1}{2}bT^2 = V\frac{V}{b} - \frac{1}{2}b\left(\frac{V}{b}\right)^2 = \frac{V^2}{2b}$$

です．以上で準備は整いました．

　この問題は明らかに，いくつものファクターに依存します．あなたがどれくらい速く行くか，交差点までどれくらいの距離か，車はどれくらい加速できるか（ブレーキで減速できるか），信号はどれくらい黄色状態のままか，あなたの反応時間，交差点の幅，そして車体の長さなど．

　あなたの脳は，ほんの少し前まで夕食を何にしようかとあれこれ考えていたのに，瞬時にギアチェンジして，これらすべてのファクターを高速処理し，迅速に何をすべきかを決断せねばなりません．信号が黄色に変わるとき，もしあなたが本当に速く行こうとすれば，あなたがトラブルを招くことをほとんどの人たちは直感的に理解します．しかし，そのような人たちでも，あなたが**ゆっくり**と走ったとしても，まだ困難に遭遇する可能性があり得ることを知ると驚くでしょう．これは，**信号待ちジレンマ**というよく知られた問題で，すべて物理学と数学（とコンピュータグラフィックス）で明らかにできるものです．

　解析を始めるために，次の量を定義します．

　　$D =$ 交差点の幅

　　$L =$ 車体の長さ

　　$T =$ 黄色ライトの持続時間

　　$R =$ ドライバーの反応時間

$V=$ 信号が黄色に変わる瞬間での車の速さ

$a=$ 車が加速する（アクセルを踏む）ときの加速度の大きさ

$b=$ 車が減速する（ブレーキを踏む）ときの加速度の大きさ

次に，ケースAとケースBの2つの場合を考えましょう．両ケースとも，信号が黄色になるとき，交差点の始まりから車のフロントまでの距離をdとします．

ケースA：ドライバーは交差点を通りながら加速しようと決断します．この選択が成功するためには，信号が赤に変わる前に**車の後部**は交差点を過ぎなければなりません．したがって，

$$VR + V(T-R) + \frac{1}{2}a(T-R)^2 \geq d + D + L$$

が成功するための条件です．この不等式の各項の意味は次の通りです．左辺の第1項はドライバーが黄信号に気づく前に進んできた距離，第2項はドライバーが黄信号に気づいてから車を加速せず進んだ距離，第3項はドライバーが黄信号に気づいてから車を加速して進んだ距離（で第2項に対する付加的な距離）．右辺の第1項は交差点までの距離，第2項は交差点の幅，第3項は車体の長さです．

ケースB：ドライバーは止まるためにブレーキを踏む決断します．この選択がうまくいくためには，**車のフロント**が交差点に入ってはいけません．したがって，

$$VR + \frac{V^2}{2b} \leq d$$

が条件です．この不等式の各項の意味は次の通りです．左辺の第1項はドライバーが黄信号に気づく前に進んできた距離，第2項はドライバーがブレーキを踏んだ後に進んだ距離．右辺は交差点までの距離です．

ジレンマが起こるのは，ドライバーがAとBの不等式のどちらかを満足できないときです．AとBの条件はそれぞれ

$$d \leq VT + \frac{1}{2}a(T-R)^2 - D - L$$

と

$$d \geq VR + \frac{V^2}{2b}$$

のように書けます.したがって,ジレンマが起こるのは,これら2つの不等式がともに破れる

$$\frac{V^2}{2b} + VR > d > VT + \frac{1}{2}a(T-R)^2 - D - L$$

のときです.このとき,ドライバーは物理学的に法律を破る運命にあります.つまり,ドライバーは赤信号で走るか,あるいは信号が赤のとき交差点の中で止まるかのいずれかです.

左側の不等式から V が放物線になること,右側の不等式から V が直線になることがわかります.これら2つの不等式を,d を縦軸にとり V を横軸にとって描けば,**放物線**の下側と**直線**の上側にある領域がジレンマの領域になります.**図 2.1** は,ファクターに代表的な値を入れてプロットしたものです.

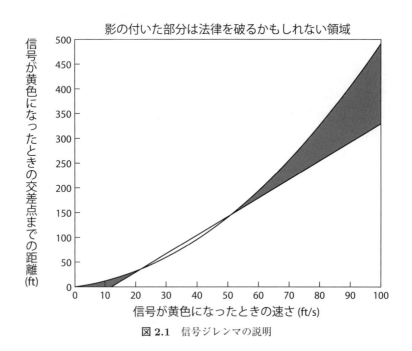

図 2.1 信号ジレンマの説明

$D = 45$ フィート (約 14 m)

$L = 12$ フィート (約 3.7 m)

$T = 3$ s

$R = 0.75$ s

$a = 3$ フィート/s² (約 0.9 m/s²)

$b = 12$ フィート/s² (約 3.7 m/s²)

図 2.1 からわかるように，影を付けた **2 つ**のジレンマ領域があります．2 つの不等式の片方か両方を満たしているのが白い領域です．上側の白い領域では，ブレーキを踏めばドライバーは交差点の前で止まることができます．一方，下側の白い領域では，アクセルを踏めばドライバーは交差点を通過できます．直線と放物線の間にある狭い白い領域では，ドライバーはどちらの操作をしても安全です．

注 釈

1) この問題は物理の本に定期的に現れ，長い間に，さまざまな形で表現されています．私がはじめて出会ったのは 50 年前のことです．Howard S. Seifert: "The Stop-Light Dilemma", *American Journal of Physics*, March 1962, pp.216-218 です．しかし，いま参考にしているのは，Don Easton: "The Stoplight Dilemma Revisited", *The Physics Teacher*, January 1987, pp.36-37 の記述です．非常に密接な（しかし，それほど簡単ではない）問題は Seville Chapman: "Should One Stop or Turn in Order to Avoid an Automobile Collison?", *American Journal of Physics*, February 1942, pp.22-27 に扱われています．

　もしこの解析に与えられている「ルール」が変われば，解析も変えねばならないでしょう．アリゾナでは，例えば，交差点はカーブの延長を定義するはっきりしない線で始まります．そして，信号が赤になるときに車のフロントがその線を横切りさえすれば違法ではありません．交差点の幅と車体の長さは，何の関係もありません．同様に，カリフォルニアには次のルールがあります．「黄色信号で慎重に運転することは違法ではない．黄色信号はただ信号を見ているドライバーに信号がまもなく赤になることを「警告している」だけである．信号が赤に変わる前に，あなたの車が交差点に入っているか，あるいは横断歩道を通っているか，停止線を越えていれば，あなたは法律を破っていない」．読者のみなさんが，アリゾナやカリフォルニアで，本章で示した解析を修正してやってみるのもよいでしょう．

第3章
空気の運動からエネルギーを作ろう
Energy from Moving Air

> ベッツ限界が私たちのやれる精一杯のものだ.
> ——ベッツ限界のシンプルな覚え方

厳しい暴風に遭ったり,トルネードによる家屋の全倒壊のニュースを見たりすると,動いている空気は莫大なエネルギーをもっているという主張に異議を挟むことはできないでしょう.暴風やトルネードと比較して,あなたが観察できるかなり穏やかな例は,離陸時に空に向かって**浮かぶ**ように見える250トンのジェット飛行機を少し遠方から眺めることです.または今日的なエネルギー問題を心配して,風力の地球規模の資源をうまく活用できる方法があるだろうか,と問うのは自然なことです.この問いに対する答えは「Yes」です.

速さ v で動いている空気(一辺の長さが s の立方体とする)の質量を m と想像すれば,動いている空気のエネルギーに対して物理的な理解が深まります.質量 m の運動エネルギーは $\frac{1}{2}mv^2$ です.この質量が運動方向に対して垂直な面を通って動いているとすれば,この面をエネルギー $E = \frac{1}{2}mv^2$ が時間 $\Delta t = \frac{s}{v}$ の間に通過することになります.この面を通過するエネルギーの**割合**—言い換えれば「風の**パワー**」—は,単位時間当たりのエネルギー $\frac{E}{\Delta t}$ だから

$$P = \frac{\frac{1}{2}mv^2}{\frac{s}{v}} = \frac{m}{2s}v^3$$

です.つまり,風力は風の**速さの3乗**で変わります.そのため,例えば,

120 mph（約 190 km/h）の風は 60 mph（約 97 km/h）の風に比べて **8 倍**の強さがあります（単純に **2 倍**ではない）．

風力タービンを使って，風からエネルギーを最適に取り出す古典的な解析は，1920 年にドイツ人技師ベッツ（Albert Betz（1885-1968 年））が行いました．「シンプルな物理学」と非常に初等的な数学を使って，**風力タービン**（タービンは両端の開いた単純な円筒形のチューブで，内部に羽根が付いている最もシンプルな形）がそこを通過する空気の運動エネルギーを最大効率 59.3% でパワー（例えば，電力）に変換できることを示しました．この奇妙な値が**ベッツ限界**とよばれるもので，その導出は次のようにします．

風からエネルギーを取り出す方法を理解するために，タービンの入り口（面積 A）に速さ v_i で入ってきて，ファンの羽根に当たるところで $v_f (< v_i)$ に減速し（羽根に力を与えて，発電機のシャフトを回転させる），最終的にタービンの出口（面積 A）から速さ $v_o (< v_f)$ で排出される空気を想像しましょう．ファンの羽根に加わる力は動いている空気の運動量[1]の**変化率**です．

空気の密度を ρ（単位は kg/m^3）とすれば，空気の質量がファンの羽根を通過する割合（単位は kg/s）は

$$\mu = \rho A v_f$$

です．確認できると思いますが，これは kg/s の単位をもっています．この量を**エア・フラックス**とよびます．エア・フラックスは入り口に入るとき μv_i の**割合**で運動量を運び，出口から排出されるとき μv_o の**割合**で運動量を運びます．ここでもう一度，μv が単位時間当たりの運動量の単位（kg·m/s^2），つまり，力の単位をもっていることを確認してください．

したがって，羽根にかかる力は

$$F = \mu v_i - \mu v_o = \mu (v_i - v_o)$$

です．「パワー＝力 × 速さ」なので[2]，羽根のパワー P_f は

$$P_f = F v_f = \mu (v_i - v_o) v_f = \rho A v_f (v_i - v_o) v_f$$

より

$$P_{\mathrm{f}} = \rho A v_{\mathrm{f}}^2 (v_{\mathrm{i}} - v_{\mathrm{o}})$$

となります．ところで，羽根のパワーは運動エネルギーが入り口に入る**割合**と出口から排出される**割合**の差でも表せるので

$$P_{\mathrm{f}} = \frac{1}{2}\mu\left(v_{\mathrm{i}}^2 - v_{\mathrm{o}}^2\right) = \frac{1}{2}\rho A v_{\mathrm{f}}(v_{\mathrm{i}} + v_{\mathrm{o}})(v_{\mathrm{i}} - v_{\mathrm{o}})$$

となります．P_{f} に対するこれら 2 つの式を等しく置くと

$$\rho A v_{\mathrm{f}}^2 (v_{\mathrm{i}} - v_{\mathrm{o}}) = \frac{1}{2}\rho A v_{\mathrm{f}}(v_{\mathrm{i}} + v_{\mathrm{o}})(v_{\mathrm{i}} - v_{\mathrm{o}})$$

より

$$v_{\mathrm{f}} = \frac{1}{2}(v_{\mathrm{i}} + v_{\mathrm{o}})$$

です．つまり，ファンの羽根での空気の速さ v_{f} は，入り口での速さ v_{i} と出口での速さ v_{o} の平均値です．

この v_{f} を羽根のパワーのどちらかの式（ここでは，1 番目の式）に代入すれば

$$P_{\mathrm{f}} = \rho A \frac{1}{4}(v_{\mathrm{i}} + v_{\mathrm{o}})^2 (v_{\mathrm{i}} - v_{\mathrm{o}})$$

より

$$P_{\mathrm{f}} = \rho A \frac{1}{4}(v_{\mathrm{i}} + v_{\mathrm{o}})(v_{\mathrm{i}}^2 - v_{\mathrm{o}}^2)$$

となります．右辺にあるパラメータは決まった値（ρ と A）か制御できない量（v_{i}）のいずれかですが，排出される空気の速さ v_{o} はタービンのデザインで制御できます．

P_{f} を最大にするために，P_{f} の（v_{o} に関する）微分をゼロに置くと

$$\frac{4}{\rho A}\frac{dP_{\mathrm{f}}}{dv_{\mathrm{o}}} = \left(v_{\mathrm{i}}^2 - v_{\mathrm{o}}^2\right) + (v_{\mathrm{i}} + v_{\mathrm{o}})(-2v_{\mathrm{o}}) = 0$$

より

$$(v_{\mathrm{i}} - v_{\mathrm{o}})(v_{\mathrm{i}} + v_{\mathrm{o}}) - 2v_{\mathrm{o}}(v_{\mathrm{i}} + v_{\mathrm{o}}) = 0$$

となるので

$$v_\mathrm{i} - v_\mathrm{o} - 2v_\mathrm{o} = 0$$

から

$$v_\mathrm{o} = \frac{1}{3}v_\mathrm{i}$$

となります．この結果から，羽根のパワー P_f を最大にするには，出口での空気の速さを入り口での速さの3分の1にすべきことがわかります．これから最大のファンパワー $P_\mathrm{f最大}$ は

$$\begin{aligned}P_\mathrm{f最大} &= \rho A \frac{1}{4}\left(v_\mathrm{i} + \frac{1}{3}v_\mathrm{i}\right)\left(v_\mathrm{i}^2 - \frac{1}{9}v_\mathrm{i}^2\right)\\ &= \frac{1}{4}\rho A \frac{4}{3}v_\mathrm{i} \frac{8}{9}v_\mathrm{i}^2 = \frac{32}{108}\rho A v_\mathrm{i}^3 = \frac{1}{2}\rho A v_\mathrm{i}^3\left(\frac{16}{27}\right)\end{aligned}$$

です．ここで，$\frac{1}{2}\rho A v_\mathrm{i}^3$ は入り口でのパワー $P_\mathrm{入力}$ なので[3]

$$\frac{P_\mathrm{f最大}}{P_\mathrm{入力}} = \frac{16}{27} = 0.593$$

が成り立ちます．この値が**ベッツ限界**です．

いま，妥当なサイズのタービンに対して，どのような種類のパワーレベルについて語っているのでしょうか．一例として，直径100フィート（約30 m）の円形の入り口をもったタービンが，20 mph（約32 km/h）の風の中で作動しているとします．これまでに

$$\frac{P_\mathrm{入力}}{A} = \frac{1}{2}\rho v_\mathrm{i}^3$$

であること，そして，MKS単位（M:メートル，K:キログラム，S:秒）を使って入り口の速さ v_i を m/s，タービンの出口面積 A を m^2 で表せば，（入り口の）$\frac{P_\mathrm{入力}}{A}$ の単位は W/m^2 になります（W＝ワット）．海面気圧で空気の密度は $\rho = 1.22\,\mathrm{kg/m^3}$ なので

$$\frac{P_\mathrm{入力}}{A} = 0.61 v_\mathrm{i}^3\ \mathrm{W/m^2}$$

あるいは，円形の入り口の直径を D（単位は m）とすれば

$$P_\mathrm{入力} = 0.61\pi \frac{D^2}{4} v_\mathrm{i}^3\ \mathrm{W} = 0.479 D^2 v_\mathrm{i}^3\ \mathrm{W}$$

です．

イギリスの単位系をアメリカの読者になじみのある単位系（つまり，v_i に対する mph（マイル/時）と D のフィート）に変えましょう．1 m は 39.37 インチ = 3.28 フィートで

$$1\,\text{mph} = \frac{5{,}280\,\text{フィート}}{3{,}600\,\text{秒}} \times \frac{12\,\text{インチ}}{\text{フィート}} \times \frac{1}{39.37\,\frac{\text{インチ}}{\text{メートル}}} = 0.447\,\frac{\text{メートル}}{\text{秒}}$$

です．これから

$$1\,\frac{\text{メートル}}{\text{秒}} = \frac{1}{0.447}\,\text{mph} = 2.24\,\text{マイル/時}\,(\text{約}\,3.6\,\text{km/時})$$

なので，フィートで測った D と mph（マイル/時）で測った v_i を使うと

$$P_{入力} = 0.479 D^2 v_i^3 \frac{(2.24)^3}{(3.28^2)^3}\,\text{W} = 4.3 \times 10^{-3} D^2 v_i^3\,\text{W}$$

です．これに，直径 $D = 100$ フィートと速さ $v_i = 20\,\text{mph}$ を代入すれば

$$P_{入力} = 4.3 \times 10^{-3} \times 100^2 \times 20^3\,\text{W} = 344\,\text{kW}$$

です．したがって，私たちが仮定した風タービンで期待できる「ベッツ限界」は（この限界が力学的エネルギーを電気的エネルギーに 100％ の変換効率をもっていると仮定すれば）

$$P_{f最大} = 0.593 \times 344\,\text{kW} = 204\,\text{kW}$$

です．電流 200 アンペアと電圧 110 ボルトの電気が送電されている一般的な家庭で使われる最大電力は 22 キロワットなので，この $P_{f最大}$ の大きさが大体わかるでしょう（注意：1 ワット = 1 ボルト × 1 アンペア）．

風力のパワーレベルが $\frac{1}{2}\rho A v^3$ であるという結果に基づいて，さらに面白い計算ができます．静止した空気のなかを速さ v で動いている電気自動車には，速さ v の向かい「風」が吹いていることになるので，車は流体抵抗を受けます．車に搭載されているバッテリーは，この抵抗力に負けないだけのパワーを供給しなければなりません．このパワーは一般には $\frac{1}{2}\rho A v^3 C_D$ と書かれます．ここで，C_D は無次元の**抵抗係数**で，車をデザインするときに考慮される値です．ほとんどの車の C_D は約 $\frac{1}{2}$ です．そのため，空気抵抗

に打ち勝つためには，バッテリーの出力パワーは

$$P = \frac{1}{4}\rho A v^3$$

でなければなりません．仮に，車のフロント部分の面積 A を $3\,\mathrm{m}^2$，そして車の速さを $v = 50\,\mathrm{mph}$（約 $22.3\,\mathrm{m/s}$）とすれば

$$P = \frac{1}{4}(1.22)(3)22.3^3\,\mathrm{W} = 10{,}150\,\mathrm{W}$$

です．現在の電気自動車のバッテリー電圧は，一般に 300 ボルトから 400 ボルトの間です．そのため，$50\,\mathrm{mph}$（約 $80\,\mathrm{km/h}$）で空気抵抗に打ち勝つためにバッテリーに要求される定常電流は 25 アンペアから 34 アンペアの間にあります．もし車が 100 マイル（約 $160\,\mathrm{km}$）の走行距離をもたねばならないならば，$50\,\mathrm{mph}$ でバッテリーはこの電流を 2 時間近く供給できなければなりません．結局，100 マイルを $50\,\mathrm{mph}$ で空気抵抗に打ち勝つために要求される全エネルギーは[4]

$$10{,}150\,\frac{\text{ジュール}}{\text{秒}} \times 3{,}600\,\frac{\text{秒}}{\text{時}} \times 2\,\text{時間} = 73 \cdot 10^6\,\text{ジュール}$$

です．この量は，ガソリン 1 ガロン（約 3.8 リットル）の化学エネルギーに匹敵します．このような値から，大量のエネルギーを貯蔵でき，かつそのエネルギーを数キロワットの割合でモーターに供給できる，コンパクトで簡単な充電式バッテリーの開発が，電気自動車の未来にとって重要な課題になります．

本章を締めくくる前に，単位に関するいくつかのコメントをします．このコメントは本書の全体を通して大切なことです．物理学者は宇宙においてすべてを文字どおり（完全に）測れる量を扱っています．最小のものから最大のものまで，そして，そのときに 1 つの単位系だけでなく他の多くの単位系を使います．このような様々な単位系を軽快に切り替えるスキルは，科学者でない人々にはほとんど縁のないものです．ある夕方，車を運転しながら家に帰る途中，私は貴金属（金と銀）を扱っているディーラーのラジオ広告をたまたま耳にしたとき，このスキルのことを思い出しました．ディーラーは，すべての投資家がもっている山ほどの金貨を，彼らの地下室に隠すべきだと主張していました[5]（「銀は年末までに 1 オンスが 50 **ドル**になるかもし

れない」).売り込み口上は視聴者に購入書類を請求させるためのものでした.そしてディーラーは自分の誠意を示すために(一体何を意味するのか),「もしあなたがこの請求をすれば,銀の 1 グラム棒を送ります」と言いました.

さて,これはどれくらいの価値があるのでしょうか? 1 ポンドは 454 グラムで,もちろん,1 ポンドは 16 オンスです.そのため,銀 1 オンスは銀 28.4 グラムです.もし銀が 1 オンス = 50 ドルになるならば,28.4 グラムは 50 ドルの価値になります.そのため 1 グラムの銀棒は 1.76 ドルで,つまり,およそ普通郵便の切手の 3 枚程度の値段(2016 年)です.この程度なら,私はその切手のほうをもっておくでしょう.

注 釈

1) 運動量は質量と速度の積 mv で,力 F は公式 $F = \frac{d(mv)}{dt} = m\frac{dv}{dt} = ma$ で与えられます.ここで a は加速度です(ニュートンの第 2 法則).力の単位はメートル法を使うと,kg·m/s^2 です.

2) この次元は,「仕事(あるいはエネルギー) = 力 × 距離」と書けば,「$\frac{エネルギー}{時間}$ = パワー = 力 $\left(\frac{距離}{時間}\right)$ = 力 × 速さ」であることがわかります.また,これはよく知られた「運動エネルギー = $\frac{1}{2}mv^2$」という関係が,どこに由来するのかを説明します.$F = ma = m\frac{d^2x}{dt^2}$ と $F\frac{dx}{dt}$ = パワー = $\frac{dE}{dt}$ から $\frac{dE}{dt} = m\frac{d^2x}{dt^2}\frac{dx}{dt} = \frac{d}{dt}\left\{\frac{1}{2}m\left(\frac{dx}{dt}\right)^2\right\}$ となるので,$E = \frac{1}{2}m\left(\frac{dx}{dt}\right)^2 = \frac{1}{2}mv^2$ が成り立ちます.ここで E はエネルギーです.

3) この点を明らかにするために,密度 ρ をもった空気が速さで v_i 面積 A の入り口に入るとします.この空気流の運動エネルギーは,単位質量当たり $\frac{1}{2}v_i^2$ で,質量流の割合は $\rho A v_i$ です.したがって,単位時間当たりの運動エネルギー,つまり,入力パワーは $P_{入力} = \frac{1}{2}v_i^2 \rho A v_i = \frac{1}{2}\rho A v_i^3$ となります.

4) エネルギーの MKS 単位はジュールです.そして,$1\frac{ジュール}{秒} = 1$ ワットです.

5) これを聞くと,昔読んだ漫画のキャラクター「スクルージ・マックダック」(ドナルドの母方のおじ)を思い出させます.マックダックは「3 立方エーカー」あるお金の倉庫 (Money Bin) で泳ぐのが好きでした.1 立方エーカーは 6 乗 (l^6) の長さの単位で,私たちが現実の世界を離れたという大きな手がかりとなるはずです.

第4章

車のスピードレースと宇宙ステーション

Dragsters and Space Station Physics

>すべてがコントロールされているように見えるなら，
>君はまだ十分に速くはないんだよ．
>——マリオ・アンドレッチ（F1世界チャンピオンドライバー）

　車のスピードだけを競うドラッグレースは，荒っぽいパワーのスポーツです．人が車体のまわりを2周するよりも短い時間で4本のタイヤを取り替える見事なピットクルーについては忘れましょう．また，極限の肉体的ストレスの中で数時間も緊張した状態で運転する超絶ドライバーも忘れましょう．ドラッグレースはインディ500マイルレース（約800 kmレース）ではありません．正確に測られた4分の1マイル（1,320フィート（約400 m））の距離を走る時間を測定するドラッグレースは，まさに数秒の勝負です．強力な車はほとんど，スタートからフィニッシュまで7秒もかからず，ドライバーがすることといえば，ハンドルをしっかり握って直線コースを走り続けるだけ．スタンディング・スタートから煙を激しく出しながら，時速220マイル（約350 km/h）かそれ以上になるまでマシンを加速するだけ．

　もし車がスタンディング・スタートからsフィート離れた地点にt秒で行くとき，加速度aを一定と仮定すれば$s = \frac{1}{2}at^2$です．したがって，$s = 1{,}320$フィート（ft）と$t = 6$秒のときの加速度は$a = 73.3$フィート$/s^2$です．$1g$（1G）は32.2フィート$/s^2$なので，ドライバーが受ける加速度は2.28 geesになります．このとき，ドライバーは膝に自分よりも重い人を乗せているように感じます．これは印象的な結果ですが，究極のものではあり

ません．**レール・ドラッグスター**という特別な車が世界最速の車です．このマシンは1トン以上の重量があり，4分の1マイルを4秒未満でばく進し5 gees 以上の加速度をもって 325 mph（約 520 km/h）を越えるスピードになります．

ドラッグレースは純粋に速さだけの試合です．勝者はたった2つのパラメータで決まります．それは，経過時間とゴールを切るときの最終速度です．この2つのパラメータの決定にはたくさんの変数が入ってきます．例えば，車体の重量，エンジンのパワー，タイヤのサイズ，タイヤ圧，路面との摩擦，その他諸々の要素です．そのため，車のパフォーマンスを予測できる簡単な公式を見つけることはドラッグスターを扱う整備士たちの夢でした．1950年代から1960年代初頭に，自動車のジャーナリスト，ハンティントン（Roger Huntington（1926-1989年））が1つの経験式を見つけることに成功しました．

ハンティントンはたくさんのドラッグレースカーの実際のパフォーマンスを調べ，いろいろ計算した揚げ句，最終スピード（MPHで表す）を予測する次のような経験式を見つけました．

$$\text{MPH} = 225 \left(\frac{\text{エンジンのパワー}}{\text{車体の重量}} \right)^{1/3}$$

ここで，エンジンのパワーの単位は馬力[1]，車の重量の単位はポンド，そして，MPHの単位はマイル/時（mph）です（これらの単位で驚いてはダメ）．1964年に物理学者フォックスがハンティントンの経験式を「シンプルな物理学」で導きました．フォックスの式を紹介したいと思います[2]．フォックスは車の質量（重量ではない）を m，エンジンパワーを定数 P，時刻 t での速さを v で表しました．時刻 t での車の運動エネルギー $\frac{1}{2}mv^2$ が時刻 0 から t までの間にエンジンで作られる全エネルギーになるとします（エンジンのエネルギーはすべて運動エネルギーになると仮定し，ホイールや車軸，クラッチ，ピストンなどの部品による回転運動のエネルギーと，車が生成する音や熱のエネルギーなどは無視）．エンジンのパワー P は一定だから

$$\frac{1}{2}mv^2 = \int_0^t P dt' = Pt$$

より，v は

$$v = \sqrt{\frac{2Pt}{m}} = \sqrt{\frac{2P}{m}} t^{1/2}$$

です．レースの時間を T とすれば，レース終了時には $v = \mathrm{MPH}$ なので

$$\mathrm{MPH} = \sqrt{\frac{2P}{m}} T^{1/2}$$

より

$$T^{1/2} = \mathrm{MPH}\sqrt{\frac{m}{2P}}$$

となります．時間 $t = T$ で車が走行する距離は s なので

$$s = \int_0^T v\, dt = \sqrt{\frac{2P}{m}} \int_0^T t^{1/2} dt = \sqrt{\frac{2P}{m}} \left(\frac{2}{3} t^{3/2}\right)\bigg|_0^T = \frac{2}{3}\sqrt{\frac{2P}{m}} T^{3/2}$$
$$= \frac{2}{3}\sqrt{\frac{2P}{m}} \left\{\mathrm{MPH}\sqrt{\frac{m}{2P}}\right\}^3 = \frac{2}{3}\sqrt{\frac{2P}{m}} \mathrm{MPH}^3 \frac{m}{2P}\sqrt{\frac{m}{2P}}$$
$$= \frac{2}{3}\frac{m}{2P}\mathrm{MPH}^3 = \frac{m}{3P}\mathrm{MPH}^3$$

より

$$\mathrm{MPH} = (3s)^{1/3}\left(\frac{P}{m}\right)^{1/3}$$

です．この式は，ハンティントンの経験式と同じ形です．

　フォックスの公式はそのままでは MKS 単位を使うので，s をメートルで入れれば，速さはメートル/秒，P はワット，m はキログラムになります．しかし，ドラッグスターメカニクスはルールにより s をフィート（$s = 1{,}320$ フィート），P を馬力，m をポンドで入れます．そこで，4分の1マイルレースのために，次のように書けばフォックスの公式の左辺はメートル/秒になります．

$$\mathrm{MPH} = \left(3 \times 1{,}320 \times \frac{1}{3.28}\right)^{1/3} \left(\frac{746P}{w/2.2}\right)^{1/3}$$

なぜなら，1 メートルは 3.28 フィートであり，1 馬力は 746 ワット，そして（地上では）1 キログラムの**質量**の重量は 2.2 ポンドだからです．つまり

$$\mathrm{MPH} = \left(\frac{3 \times 1{,}320 \times 746 \times 2.2}{3.28}\right)^{1/3} \left(\frac{P}{w}\right)^{1/3} = 125.6 \left(\frac{P}{w}\right)^{1/3}$$

で，MPH の単位はメートル/秒です．これをマイル/時に変換するために

$$1 \text{ m/s} = 2.237 \text{ mph}$$

を使えば

$$\mathrm{MPH} = 125.6 \left(\frac{P}{w}\right)^{1/3} \text{ m/s} = 2.237 \times 125.6 \left(\frac{P}{w}\right)^{1/3}$$
$$= 281 \left(\frac{P}{w}\right)^{1/3} \text{ mph}$$

となります[3]．

　フォックスの理論式はハンティントンの経験式の概算に見えますが，フォックス自身は次のように述べています．「理論式の 281 と経験式の 225 の違いは大きいように見えないが，3 乗すれば，理論式のほうが 50% ほど悪くなる」．つまり，3 乗したハンティントン公式は，実際のレーサーがどれくらいスピードを出せるかを記述する式で，フォックスの理論式よりも小さな MPH を予言しています．そして，それらの比は

$$\frac{P_{\text{ハンティントン}}}{P_{\text{フォックス}}} = \frac{225^3}{281^3} = 0.51$$

となります．論文の中で，フォックスはもっと完全な理論的記述を「シンプルな物理学」で試みようとしていますが，この話はここで終えましょう．

　本章を離れる前に，少しだけ「重さ」と「質量」の違いについて話しておきます（これは MKS 単位とイギリスで用いる単位との変換例にもなる）．質量は文字どおり**物質の量**を測るもので，私たちが扱っている原子の数です．同じ物質の塊を 1 つの重力場（地球の表面）から別の重力場（外部空

間）まで動かしても，原子の数は変わりません．変わるものは何かといえば，それは塊(かたまり)の重さ，つまり，その塊が感じる重力です．この重力は有名なニュートンの運動方程式 $F = ma$ で与えられます（力の MKS 単位は**ニュートン**）．地表では $a = g = 9.8\text{m/s}^2$ で $F = mg$ が重量になります．しかし，重力の影響が消える地球の周りの軌道では（本書の後ろのほうでもっと出てくる），$F = 0$ となるので，その塊は無重量になります．地表面では，1 キログラムの質量は 2.2 ポンドの重さで，これが 9.8 ニュートンです．したがって，ニュートン（N）とポンド（lb）の換算は「1 N（ニュートン）=0.224 lb（ポンド）」です．

60 年前に，米国物理学専門誌（*American Journal of Physics*: AJP）に質量と重量の違いをうまく描いた面白い「ノート」がありました．その当時は単なるサイエンス・フィクションでしたが，いまでは国際宇宙ステーションにいる宇宙飛行士が日常的に経験するものです[4]．次のような場面を想像してください．

> あなたは宇宙ステーションで働いており，10 トンの質量をもった物体の操作を期待されている．硬い壁の前で，あなたは（非常に重い質量の）ステーションの外壁に「立って」いる．その物体はあなたに 1 フィート/秒の速さで近づいていて，あなたを壁に押しつぶす恐れがある．問題は，あなたはこの物体を止められるか，あるいは「その場から避難すべき」か．

ノートの著者は「制止プロセスは一様な減速で起こり，そして（直線距離）3 フィートで止まると仮定すると…約 100 ポンド（約 45 kg）の力が 6 秒間作用すれば十分なので，その作業は通常の人の身体能力の範囲内で十分行える」と述べていますが，根拠になる計算を示していません．そこで彼がこの問題をどのように解いたかを，次に示しましょう．

初めに，「10 トンの質量」，つまり地表で 20,000 ポンドの重量の物体は

$$\frac{20{,}000 \text{ ポンド}}{2.2 \text{ ポンド/kg}} = 9{,}091 \text{ kg}$$

の質量である，とした方がよいと（私は）思います．

さて，一定の加速度 a で減速している質量は，時刻 $t = 0$ での速さを V

とすれば，時刻 t で

$$v = V - at$$

の速さをもつので，速さがゼロになる時刻 $t = T$ は

$$T = \frac{V}{a}$$

です．減速している間に質量の移動距離 D は

$$D = \frac{1}{2}aT^2 = \frac{1}{2}a\frac{V^2}{a^2} = \frac{V^2}{2a}$$

なので，加速度は

$$a = \frac{V^2}{2D}$$

です．これより T は

$$T = \frac{V}{\frac{V^2}{2D}} = \frac{2D}{V}$$

となります．この式に $D = 3$ フィートと $V = 1$ フィート/秒を代入すると，$T = 6$ 秒です．そして，$F = ma$ より

$$F = m\frac{V^2}{2D} = 9{,}091 \text{ kg } \frac{\left(1\frac{\text{ft}}{\text{s}} \times 1\frac{\text{m}}{3.28\,\text{ft}}\right)^2}{2 \times 3\,\text{ft} \times 1\frac{\text{m}}{3.28\,\text{ft}}}$$

$$= 462\,\frac{\text{kg}\cdot\text{m}}{\text{s}^2}$$

$$= 462\,\text{N} \times 0.225\,\frac{\text{lb}}{\text{N}} = 104\,\text{ポンド（約}\,47\,\text{kg）}$$

です．これは AJP の著者と同じ結果です．

　最後に，ここで序章で示した問題の 1 つを解くことにします．それはスリップする車の問題で，この解法には，すでに説明した「シンプルな物理学」と摩擦に関する簡単なアイデアが使われるだけです．摩擦は，**こまごま**と**した複雑な物理的過程ですが，いまの目的には初等的な式を使うだけで，かなりよい答えが得られます．

　実験的にわかっていることは，質量 m が水平面上を速さ v で運動しているとき，（摩擦により）$\mu m g$ の摩擦力 f が現れることです．μ は正の定数で**摩擦係数**といいます．第 1 近似として，μ は m と v に無関係とします．mg

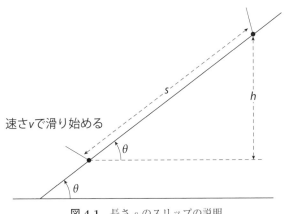

図 4.1 長さ s のスリップの説明

は水平な面に垂直な力（重量）です．もっと一般的な斜面（傾角 θ）の場合は，斜面に垂直な力は $mg\cos(\theta)$ となります．コンクリート道路を走るゴム製タイヤの場合，タイヤが**回転していないとき**（つまり，タイヤが**滑っているとき**）よりも，タイヤが回転しているほうが μ の値は大きいことが実験的にわかっています[5]．

図 4.1 で，上り坂（傾角 θ）の道を滑っている質量 m が距離 s だけ行って止まった（序章のこの問題の 2 番目は，スリップが下り坂の傾斜（$\theta < 0$）上で起こる場合の話）．滑り始めから終わりまでの質量の鉛直方向の高さは h だけ増加します．滑り初めの速さ v をもった質量が停止すると，質量は運動エネルギーを失うがポテンシャルエネルギーを得るので，摩擦力によるエネルギー**ロス**の総量は

$$\frac{1}{2}mv^2 - mgh$$

となります．これが，摩擦力によりスリップの長さに沿って散逸されるエネルギーです．エネルギーは「力と距離の積」（第 3 章の注釈 2 を参照）なので[6]

$$\frac{1}{2}mv^2 - mgh = fs = \mu mg\cos(\theta)s$$

が成り立ち，これに

を代入すれば

$$h = s\sin(\theta)$$

$$v^2 - 2gs\sin(\theta) = 2\mu mgs\cos(\theta)$$

となるので

$$v = \sqrt{2gs[\mu\cos(\theta) + \sin(\theta)]}$$

となります．

　交通事故の調査では，θ の小さい場合がよくあります．この場合，$\sin(\theta) \approx \theta$（$\theta$ の単位はラジアン）[7]と $\cos(\theta) \approx 1$ の近似が使えるので，スリップが起こる速さ v は

$$v = \sqrt{2gs(\mu + \theta)}$$

で与えられます．この式は交通事故の調査官がよく使う有名なものです．もちろん，この式を使うには μ の値が必要ですが，この値は事故現場で，事故車に似た車を使ってテストすれば簡単に決めることができます．そこで，テスト車を $v = 25\,\mathrm{mph}$（約 $40\,\mathrm{km/h}$）までスピードを上げてから，スリップさせて，$s = 46.5$ フィート（約 $14\,\mathrm{m}$）滑ったとすれば，v の公式から

$$\mu + \theta = \frac{v^2}{2gs} = \frac{\left[\left(\frac{25}{60}\right) \times 88\right]^2}{2 \times 32.2 \times 46.5} = 0.45$$

となります．ここで，$60\,\mathrm{mph} = 88\,\mathrm{ft/s}$（fps）（約 $97\,\mathrm{km/h}$）という換算をしました（この値は覚えづらい！）．この結果は道路の傾きの効果を含んでいるので，（$\theta = 0$ でなければ）μ そのものの値ではありません．特に，序章のチャレンジ問題では，上り坂のスリップ跡は 106 フィート（約 $32\,\mathrm{m}$）だったので，スリップし始めたときのスピードが

$$v = \sqrt{2 \times 32.2 \times 106 \times 0.45} = 55.4\,\mathrm{fps} \approx 38\,\mathrm{mph}\ (約\,61\,\mathrm{km/h})$$

も出ていたのは確かです．明らかに，ドライバーはスピードの出し過ぎでした．

　さて，2番目の下り坂での場合はどうでしょうか？

106 フィートのスリップが 8% の**下り坂**で起これば，計算はどのように変わるでしょうか．つまり，いま計算した（上り坂の）速さを v_u とよぶならば，（下り坂の）速さ v_d はどうなるでしょうか．上り坂での計算は $\theta > 0$ に対して成り立つので

$$v_\mathrm{u}^2 = 2gs(\mu + \theta)$$

です．下り坂の場合は，単に θ を $-\theta$ に変えればよいから

$$v_\mathrm{d}^2 = 2gs(\mu - \theta)$$

です．したがって，

$$v_\mathrm{u}^2 - v_\mathrm{d}^2 = (2gs\mu + 2g\theta s) - (2gs\mu - 2g\theta s) = 4g\theta s$$

となります．8% の傾斜は $\theta = 0.08$ なので

$$\begin{aligned}
v_\mathrm{d}^2 &= v_\mathrm{u}^2 - 4g\theta s \\
&= \{(55.4)^2 - 4 \times 32.2 \times 0.08 \times 106\}\,\mathrm{ft}^2/\mathrm{s}^2 \\
&= 1{,}977\,\mathrm{ft}^2/\mathrm{s}^2
\end{aligned}$$

より

$$v_\mathrm{d} = 44.5\,\mathrm{fps} = 30.3\,\mathrm{mph}\;(約\,49\,\mathrm{km/h})$$

です．この結果から，ドライバーは制限速度 $25\,\mathrm{mph}$（約 $40\,\mathrm{km/h}$）ゾーンの下り坂を猛スピードで運転していましたが，上り坂のときよりはスピードを落としていたことがわかります．

注 釈

1) 1 馬力は 746 ワットです．この奇妙な数に疑問をもつ人には，これは蒸気機関ができた当時の歴史的な偶然の出来事であるとしか言えません．歴史それ自体は**面白いのです**が，ここは**物理**ですから，これ以上は言及しません．
2) Geoffrey T. Fox: "On the Physics of Drag Racing", *American Journal of Physics*, March 1973, pp.311-313 を参照．この論文を書いたとき，フォックスはサンタクララ大学（カリフォルニア）の教授でしたが，その後 Fox Racing USA（フォックス・レーシング USA）をスタートさせるために学界を去りました．
3) フォックスの論文では 281 ではなく 270 の係数が与えられていますが，彼はこの数値

の導出過程を示さずに，ただ書いているだけです．私は 270 は誤植だと思っています．
4) John W. Burgeson: "A Problem in Free Space Dynamics", *American Journal of Physics*, April 1956, p.288.
5) スリップが起こるとき摩擦の減速力は**減少する**ので，緊急停止で**スリップしないこと**が明らかに望ましい．つまり，軸をロックさせないことがポイントなのです．そして，これが多くの車に搭載されている ABS（アンチロック・ブレーキシステム）の背後にある考えです．ABS を装備した車のオーナーは，運転の安全装置の内在的増加のために，一般に彼らの自動車保険の掛け金を割引されています．
6) **滑っている**タイヤは摩擦のために熱くなります．そのため滑っている車の運動エネルギーの一部はタイヤを熱くします．第一近似として，この効果を私は無視しています．
7) $\sin(\theta) = 0.08$，$\theta = 4.6°$ に対して，ほとんどの人は「小さい」と考えます（と私は思う）．

第 5 章

メリーゴーランドと潮の満ち引き

Merry-Go-Round Physics and the Tides

> そうして，ダビデはペリシテ人を投石で打ち負かした．
> ——ダビデは向心加速度を理解していたので，ゴリアテは死んだ．
> （旧約聖書サムエル記上 17 章 50 節）

ロープの一端に石を結び，もう一端を手で握って頭上で回すと，**向心力**のはたらきが観測できます．また，メリーゴーランドに乗っているときにも，向心力を体験できます．さらに，太陽の周りを公転している地球も向心力を受けています．1 つ目の例では，**石にはたらく力はロープの張力**（**あなた自身**が感じる力は一般に**遠心力**といわれるもので，大きさは同じで向きが逆の力）です．2 つ目の例では，向心力は回転している台からあなたが飛んでいかないように，メリーゴーランドがあなたに及ぼす力です．そして，3 つ目の例では向心力は重力です．

よくある誤解は，あなたが石を放したとき（あるいは，メリーゴーランドを離れたとき），石（あるいは，あなた）は回転中心から真っ直ぐに（動径方向に）飛んでいくと考えることです．これは間違いで，飛んでいく方向は円軌道の**接線方向**です．ダビデが投石器を使って巨人ゴリアテと対決したとき，ダビデが物理学を正しく知っていたことが重要でした．

質量 m の物体が速さ v で半径 R の円運動をしていれば，質点は常に直線から円軌道に曲がるように強いられます．その力は円の中心を向いた大きさ $\frac{v^2}{R}$ の**内向き**加速度から生じます．ニュートンの第 2 法則から，向心力（向心という語句は「中心を求める」という意味）の**大きさ**[1]は

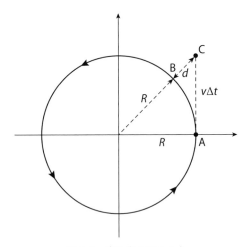

図 5.1 向心力のはたらき

$$F = m\frac{v^2}{R}$$

です．円運動の向心力の簡単な導き方をここで示しておきましょう．

図 5.1 は，半径 R の円軌道に沿って質量 m の質点が一定の速さ v で動いているところを表しています．質点の**速度**は，力のように**ベクトル**量なので，**大きさ** v をもっています．この v を**速さ**（スカラー量）といいます．速さは一定ですが，速度の**向き**は明らかにいつも変わっています．向きの変化は力によって生じます．

さて，時刻 $t = 0$ のときに図 5.1 の A に質点がいるとしましょう．いま考えている座標の水平軸上に，この A を選んでも一般性を欠きません．時間が Δt だけ経ったあと，質点は B にいます．**もし質点にはたらく力がなかったならば，C にいるはず**です．この C は A から上方に鉛直距離 $v\Delta t$ のところにありますが，質点は C にいません．なぜなら，質点に力がはたらいているからです．この力が，いま計算しようとしているものです．

点 C は図 5.1 の B から距離 d のところにあります．そのため，ある力が質点にはたらいて，質点を距離 d だけ内側に「引っ張り込んで」円軌道上を運動するようにしなければなりません．もしその力が一定の加速度 a を生じるならば，そのとき

$$d = \frac{1}{2}a(\Delta t)^2$$

が成り立つはずです．ピタゴラスの定理から

$$R^2 + (v\Delta t)^2 = (R+d)^2 = R^2 + 2Rd + d^2$$

となるので，整理すれば

$$v^2(\Delta t)^2 = (2R+d)\,d = \left[2R + \frac{1}{2}a(\Delta t)^2\right]\frac{1}{2}a(\Delta t)^2$$

と書けます．この両辺の $(\Delta t)^2$ を消せば

$$v^2 = \left[2R + \frac{1}{2}a(\Delta t)^2\right]\frac{1}{2}a = Ra + \frac{1}{4}a(\Delta t)^2$$

となり，さらに $\Delta t \to 0$ と置けば

$$v^2 = Ra$$

となります．したがって，向心加速度は

$$a = \frac{v^2}{R}$$

で，これを $F = ma$ に代入すれば，向心力になります．

　ニュートンの研究で最も偉大なものの1つは，「重くて，球対称な物体の**外部**の重力場は，その物体が**質点**であったとしたときの重力場と厳密に同じものである」という発見です[2]．そのため，太陽の周りを回る地球軌道の計算をするとき，太陽と地球を質点で置き換えることができます．なぜなら，軌道は太陽の外側だからです（明らかです！）．「軌道」は地球の中心が通る経路です．つまり，太陽と地球の質量が M と m とすれば，地球に対する重力（向心力）はニュートンの有名な**力の逆2乗則**

$$G\frac{Mm}{r^2}$$

で与えられます．ここで，r は（太陽の中心から地球の中心までを測った）地球の軌道半径で，G は**普遍的な万有引力定数**です[3]．

　ニュートンの重力法則を使って解ける興味深い問題があります．

地球にはたらく重力は，太陽と月のどちらが強いか？

太陽は月よりも非常に大きいが，月よりも地球から非常に遠く離れています．質量と距離の2つのパラメータは競合するので，どちらの重力が大きいかすぐにはわかりません．そこで，次のような数値を使って，実際にこれを計算してみましょう．

太陽の質量 $= 2 \times 10^{30}$ kg $= M_s$
月の質量 $= 7.35 \times 10^{22}$ kg $= M_m$
地球と太陽間の距離 $= 93 \times 10^6$ マイル（約 1.50×10^8 km）$= R_s$
地球と月間の距離 $= 2.39 \times 10^5$ マイル（約 3.8×10^5 km）$= R_m$

太陽による地球への重力と，月による地球への重力との比は

$$\frac{G\frac{M_s m}{R_s^2}}{G\frac{M_m m}{R_m^2}} = \frac{M_s}{M_m}\left(\frac{R_m}{R_s}\right)^2 = \frac{2 \times 10^{30}}{7.35 \times 10^{22}}\left(\frac{2.39 \times 10^5}{93 \times 10^6}\right)^2 = 180$$

となります（地球の質量 m は打ち消しあうので，m の値を知る必要はない）．したがって，地球に及ぼす太陽の重力のほうが，月よりも180倍強いことがわかります．

さて，私たちは天体の軌道運動に関する基礎的な法則の1つを導くことができます．ドイツの天文学者ケプラー（Johannes Kepler（1571-1630年））が発見した法則（ケプラーの第3法則）で，彼が1619年に恒星の運動の退屈な観測データから導いたものです．それは，ニュートンが生まれる数十年も前のことでしたが，ニュートンの重力理論を使えば，空を見ることなく，居心地よい暖炉の前でゆっくり椅子に腰掛けたままケプラーの結果を**導く**ことができます．

質量 m の物体が，質量 M の物体の周りを，速さ v で半径 r の円運動をしており，一周に要する時間を T とします．ニュートンの力の法則に向心加速度を結びつけると

$$G\frac{Mm}{r^2} = m\frac{v^2}{r}$$

となるので

$$GM = v^2 r$$

です．一方，速さ v は

$$T = \frac{2\pi r}{v}$$

より

$$v = \frac{2\pi r}{T}$$

です[4]．したがって

$$GM = \frac{4\pi^2 r^2}{T^2} r = \frac{4\pi^2}{T^2} r^3$$

より

$$\frac{r^3}{T^2} = \frac{GM}{4\pi^2} = 特定の M に対して一定$$

となります．これが天体運動に関するケプラーの第3法則です．M は太陽の質量です．周回している地球の質量 m が式の中に現れないことに注意してください．そのため，定数は太陽の周りを回るすべての惑星に対して等しくなるのです[5]．

やっと，海洋潮汐の問題に取り組めます．まず初めに，月の存在を忘れて，図 5.2 のように太陽を回っている地球に集中してください．重い太陽は質点で，地球は大きさをもった物体で描かれています（図のスケールは正しくありません！）．地球は水で覆われていると想像してください（ほと

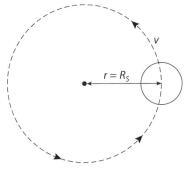

図 5.2　太陽の周りを回る地球

んどそうなので)．地球の**中心**と太陽の中心との距離は R_s で，この R_s がニュートンの重力法則に使われる r の値になります．すでに，ケプラーの第3法則で論じたように，軌道上の地球の速さは

$$v = \frac{2\pi R_s}{T}$$

です．当然，これは地球全体の速さで，地球の中心の速さではありません（これは観測事実．なぜなら，そうでなければ地球はバラバラになるから）．

さて，地球上では太陽に最も近い側の水は，太陽中心から R_s **ではなく**，$R_s - R$ の距離にあります．ここで，R は地球の半径です．そのため，地球の太陽に最も近い側の水にかかる重力の大きさは，速さ v で回る R_s にある水に要求される力よりも**大きく**なります．この余分な引力が太陽方向への水の膨らみを作ります．この1番目の膨らみは人々にとって直観的に明らかですが，1番目の膨らみとは反対側，太陽から**最も離れた**側に起こる2番目の膨らみは明らかとはいえないでしょう．しかし，この膨らみも向心加速度で厳密に同じように説明できます．つまり，地球上では太陽から離れている側の水は，太陽の中心から R_s にあるわけではなく，$R_s + R$ の距離にあるので，その側にはたらく地球の重力は，水が速さ v で軌道を回るために要求される力よりも**小さく**なります．そして，この減少した引力によって水の膨らみは太陽から**遠ざかる**向きに作られるのです．

このような2つの膨らみは，太陽と地球の中心を結ぶ直線に沿って固定されています．しかし，地球は軌道面に垂直な方向から約23°だけ傾いた軸の周りで回転しているので，2つの膨らみは地球の表面を移動します（もっと正確に言えば，地球は2つの膨らみの**下で**24時間ごとに1回転する）．そして，12時間ごとに膨らみの1つを見るときに遭遇するのが**太陽潮汐**とよばれるものです．なぜなら，地球と月も互いの周り（共通の質量中心の周り[6]）を回転しているので，**月潮汐**もあるからです．地球におよぼす重力は太陽のほうが月よりも180倍強いという結果を思い出せば，太陽の高潮に比べたら月の潮汐はさほど効果はないと素朴に思うかもしれません．しかし，そうではありません．実際はその反対で，**月の潮汐が最大の潮**なのです．なぜでしょうか？

その理由は，太陽が月よりも地球からずっと遠くにあるからです．太陽か

ら地球の中心にはたらく重力と，地球表面の太陽に近い側や遠い側にはたらく太陽からの重力との**変化量**によって潮汐が生じることを述べましたが，太陽の場合はこの**変化量**が月の変化量よりも小さくなります．質量 m への重力変化量は，次のように計算できます．

太陽の場合：

太陽に近い側の地球の重力 $= G\dfrac{M_{\mathrm{s}}m}{(R_{\mathrm{s}} - R)^2}$ （A 側）

太陽に遠い側の地球の重力 $= G\dfrac{M_{\mathrm{s}}m}{(R_{\mathrm{s}} + R)^2}$ （B 側）

これらより，地球の直径上で太陽の重力による変動は

$$G\dfrac{M_{\mathrm{s}}m}{(R_{\mathrm{s}} - R)^2} - G\dfrac{M_{\mathrm{s}}m}{(R_{\mathrm{s}} + R)^2} = GM_{\mathrm{s}}m\left[\dfrac{1}{(R_{\mathrm{s}} - R)^2} - \dfrac{1}{(R_{\mathrm{s}} + R)^2}\right]$$

となるので，（近似 $R_{\mathrm{s}} \geq R$ のもとで）

$$4GM_{\mathrm{s}}m\dfrac{R}{R_{\mathrm{s}}^3}$$

となります．この変動は距離の **3 乗**に逆比例することに注意してください．月の場合も同様で，地球の月に最も近い側から最も遠い側までの月の重力の変動は

$$4GM_{\mathrm{m}}m\dfrac{R}{R_{\mathrm{m}}^3}$$

です．したがって，両者の比は

$$\dfrac{\text{月の変動}}{\text{太陽の変動}} = \dfrac{M_{\mathrm{m}}}{M_{\mathrm{s}}}\left(\dfrac{R_{\mathrm{s}}}{R_{\mathrm{m}}}\right)^3 = \dfrac{7.35 \times 10^{22}}{2 \times 10^{30}}\left(\dfrac{93 \times 10^6}{2.39 \times 10^5}\right)^3 = 2.16$$

です．

月潮汐（太陰潮汐）は太陽潮汐と同じように 1 日に 2 回あります．たとえ太陽が月よりもはるかに重かったとしても，太陽の大きさの利点は，地球からの極端な距離によって失われます．地球の半径 $R = 4{,}000$ マイル（約 $6{,}400\,\mathrm{km}$）を考慮して[†]，9,300 万マイル $-$ 4,000 マイルから 9,300 万マ

[†] （訳注）地球の半径 R は第 1 章の例題 9 にあるように $R = 6.37 \times 10^6\,\mathrm{m} = 6{,}370 \times 10^3\,\mathrm{km}$ だから，マイルで表せば $R = 3{,}958$ マイル です．ここでの話は，この値を四捨五入して $R = 4{,}000$ マイル とおいています．

イル＋4,000マイルまで変えても，太陽の重力はほとんど変わりません．

物体の広がりを横切る重力変動による潮汐力は，地球上での海洋潮汐に加えて，私たちの太陽系に壮大な結果をもたらしました．このような力は，土星の美しい環の原因になっています（あるいは，少なくとも原因と**考えられている**）．ずっと昔，土星の月が巨大な惑星に近づきすぎて，惑星の潮汐力によって文字どおりバラバラにされ，結果として現れた多数の断片が，こんにち私たちが目にするリング[7]を形成したと考えられています．

最後に，**2つの太陰潮汐**があるという事実に関して，テクニカルなコメントをします．この現象は**地球-月系の運動**の結果です．もし地球と月が空間に固定されていて，地球がある軸の周りで回転しているとすれば，24時間ごとに1回だけ月の真下に来たときに，地球の表面上に**1箇所**の高潮（満潮）が生じます．地球の反対側に2つ目の潮汐を生じさせるものは，地球と月の質量中心の周りにおける地球の「**軌道運動**」です．

古代中国の作家は，海洋は地球の血であると考えて，潮汐は地球の鼓動を反映し，潮汐は地球の呼吸によって生じると考えていました．それは地球が生きている生物であるというガイアの古代神話的アイデアにヒントを得たもので，ロマンティックな話です．しかし，本書は**物理学**の本であり物語の本ではありません．念のため繰り返しておきますが，**重力**こそが潮汐現象の背後にあるものです．

注　釈

1) ベクトル自体とベクトルの**大きさ**を区別するために，テキストの多くの著者たちはいろんな活字を使っています．例えば，力ベクトルを $\vec{F}$，その大きさを F とする（つまり，$F = |\vec{F}|$）．あるいは，ベクトルに太字を使う（そのときは $F = |\boldsymbol{F}|$）．
2) これはニュートンが1689年に出版した『**プリンキピア**』の2つの結果，ともに彼の**優れた定理**とよばれるものの1つです（もう1つは，一様に分布した物質の中空の球殻内の質点にはたらく重力は，**球殻内のどこに質点**があっても，ゼロであるという定理）．2つの定理（ニュートンは**非常に**ややこしい幾何学的な議論を行った）の現代的で微積分学を使った導出は拙著 "Mrs. Perkins's Electric Quilt", Princeton University Press, 2009, pp.140-147 を参照．
3) G と有名な**キャベンディッシュ実験**（あまりにも繊細な実験なので，ニュートンが没して71年後の1798年まで実施されなかった）との関係は "Mrs. Perkins's Electric Quilt", pp. 136-140 を参照．G の値は $6.67 \times 10^{-11} \frac{\mathrm{m}^3}{\mathrm{kg} \cdot \mathrm{s}^2}$ です．本書の出版時

(2016 年）にも，G の値はまだ 3 桁までしか知られていません．私たちが知っている多くの物理定数の桁数に比べたら，3 桁はあまりにも少ない数です．第 22 章の終わりと Clive Speake and Terry Quinn: "The Search for Newton's Constant", *Physics Today*, July 2014, pp.27-33 を参照．

4) 太陽から 93,000,000 マイル $= 93 \times 10^6$ マイル（約 1.50×10^8 km）の距離で，365 日の軌道周期であるとき，太陽を回る地球の軌道の速さは 18 マイル/秒（約 29 km/s）よりも少し大きくなります．

5) これは太陽系で $M \gg m$ の場合だけ厳密に正しい．ケプラーの第 3 法則（「第 3 法則が m に依存しないこと」の導出を含めて）については拙著 "*Mrs. Perkins's Electric Quilt*", pp. 170-185 を参照．

6) 地球は月よりも非常に重いから，それらの質量中心は実際には地球の**内部**にあります．つまり，地表の下 1,000 マイル（約 1,600 km）よりも下にあります．詳細は拙著 "*Mrs. Perkins's Electric Quilt*", pp.175-178 を参照．

7) ゾッとする SF（空想科学小説）は Larry Niven の書いた 1966 年の古典 "Neutron Star"（中性子星）です．超高密度星に近づきすぎた物理的に「小さい」質量に，この重い物体が及ぼす潮汐力に基づく話です（ここで**小さい**とは宇宙旅行者の頭から足までの距離）．結末は中世の拷問の SF 版です．

第6章

水の運動からエネルギーを作ろう
Energy from Moving Water

> 潮汐のエネルギーは10億馬力のオーダーの割合で
> 絶え間なく消えている！
> ——E.P. クランシー（潮汐：地球のパルス，1968年）

　第3章では，空気の運動にはかなりのエネルギーがあることを知りましたが，水の運動の場合はどうでしょうか？　例えば，地球全体の海洋潮汐にはどれくらいのエネルギーがあるのでしょうか？　「**かなりある**」が答えです（クランシーの答えは見積もりを過小評価している）．このエネルギーの計算は「シンプルな物理学」だけでできます．

　第5章で議論した潮汐の起源，すなわち月の寄与から始めます．第5章で，重力と向心加速度がどのようにして2つの潮汐の膨らみを作るかを見ました．1つは月の真下に，もう1つは初めの膨らみとは反対の位置になる地球の裏側にでした．地球は地軸の周りで自転しているので，2つの潮汐の膨らみは地球の周りを動くように見えます．そのため，12時間ごとに「高潮」が見られます．

　しかし，これから扱う問題には第5章で議論しなかった新しい状況が登場します．潮汐の2つの膨らみは，摩擦がなければ図**6.1**のように地球と月の中心を通る直線上にありますが，実際には摩擦力があるので，図**6.2**のように少しだけオフセットされます．そのオフセットの理由は，地球の固体と液体の表面成分に完全な弾性や完全な流動性がないからです．このような摩擦力のために，地球の表面は力に即座に反応しないで，地球の回転は潮

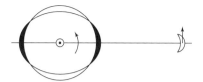

図 6.1 摩擦がない場合の潮汐の膨らみ

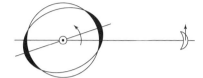

図 6.2 摩擦がある場合の潮汐の膨らみ

汐の膨らみを前方に運ぶのです．

2つの潮汐の膨らみに対する月の引力は，地球の回転の速さを減少させるような逆回転トルク[1]を生じます．遠い側にある潮汐の膨らみに対する月の引力は，その速さを増加させる傾向があります．しかし，近い側の膨らみに対する引力のほうが強いので，この引力は回転の速さを減少させる傾向があります．このため，正味の効果として地球の回転が遅くなります（つまり，1日の長さがだんだん長くなる）．この現象は**非常に**ゆっくりと起こっています．原子時計は，1日の長さが**1世紀当たり約2ミリ秒**の割合で増加していることを示しています！　つまり，100年前の1日の長さは，昨日よりも0.002秒短かったのです．200年前の1日の長さは，昨日よりもわずか0.004秒短かった，といった具合です．

大昔の1日の長さを推理する全く別な方法は，海洋生物学から得られます．デボン紀中期（3億7,500万年前）の化石サンゴ礁の骨格構造における成長パターンの調査において，環境の日々の変化と季節的変動に敏感なパターンは，1年がおよそ400日だったことを示唆しています．ニュートン力学の軌道計算に基づけば，地球の公転周期は変わらないから，1年の長さは不変です．そのため，デボン紀中期の1日の長さは $\frac{365}{400}$ (24) 時間 = 21.9 時間で，3,750,000世紀前の1日の長さは今より2.1時間短かった，つまり，1日の長さは**1世紀当たり** $\frac{2.1 \times 3{,}600}{3{,}750{,}000}$ 秒 = 0.002 秒変化したことになります．

1世紀後に1日の長さがちょうど 2×10^{-3} 秒の決まった値だけ増加するこ

となど,重要でないと思うかもしれませんが,この効果が累積的であることを理解しなければなりません.例えば,この増加率が過去2,000年(20世紀)の間,変わらなかったと仮定すれば,シーザーが暗殺された日(紀元前44年)は昨日と比べて $2\times10^{-3}\times20 = 40$ ミリ秒だけ時間が短かったことになります.この結果は,1日の長さの時間が着実に減少していることを反映しているので,過去2,000年の**1日ごとの時間の平均的な**変化は 20×10^{-3} 秒です.したがって,2,000年前の事件の起こった時間は,**累積された**時間遅れの合計から

$$20\times10^{-3}\frac{秒}{日}\times 2{,}000 年\times 365\frac{日}{年} = 14{,}600 秒$$

となります.つまり**4時間**です[2]).

地球は非常に重いので,2,000年以上で4時間の時間遅れを起こすには途方もないほどの莫大なエネルギーが必要です.実は,本章で計算したいのが,このエネルギーなのです.計算するには,まず地球の**回転**運動のエネルギーの計算方法を知らなければなりません.それから始めましょう[3]).

図6.3のように,ある**回転軸**の周りを一定の角速度で回っている体積 V,質量 M の物体を想像してください.角速度は Ω ラジアン/秒 です.1回転の時間(単位は秒)を T とすれば

$$\Omega T = 2\pi$$

が成り立ちます.

図6.3に示すように,重い物体 M は微小な質量要素 dm から作られてい

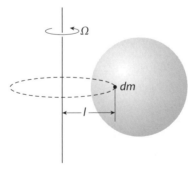

図 6.3 微小な質量要素 dm でできた回転する質量

ます．それぞれの質量要素は，回転軸から異なる距離 l のところにあります．各質量要素は回転するので，微小な運動エネルギー dE をもっています．それは次式で与えられます．

$$dE = \frac{1}{2}(dm)v^2$$

ここで，各質量要素の速さは

$$v = \Omega l$$

なので，dE は

$$dE = \frac{1}{2}\Omega^2 l^2 dm$$

です．したがって，物体の全体積にわたって dE を積分すれば，ある軸の周りでの全運動エネルギーは

$$E = \iiint_V dE = \frac{1}{2}\Omega^2 \iiint_V l^2 dm = \frac{1}{2}\Omega^2 I$$

となります．ここで Ω^2 は定数なので，3重積分の外に Ω^2 を出せますが，回転軸から各 dm までの距離 l^2 は（一般に）変わるので，積分の外には出せません．最右辺の3重積分はある回転軸の周りでの物体の**慣性モーメント** I です．**注意**：本書の例において，登場する重い物体の形状には幾何学的な対称性があるので，実際には **3重積分**する必要はありません．

このような計算の簡単な例として，図 **6.4** のような円柱を考えましょう．これは半径 R，高さ h，密度 ρ で，中心軸は y 軸です．円柱は半径 x の円筒形シェルの層でできていると想像してください．ただし，$0 \leq x \leq R$ であり，壁の厚さは dx です．つまり，円柱は x の内径と $x + dx$ の外径で挟まれた**中空のシェル**でできています．剛体円柱の微小な質量要素 dm はシェルの質量なので，$dm = \rho 2\pi x h dx$ です．各シェルごとに，y 軸周りの**微小な慣性モーメント**は

$$dI_{シェル} = x^2(\rho 2\pi x h dx) = \rho 2\pi h x^3 dx$$

です．なお，左辺が**微小な慣性モーメント** $dI_{シェル}$ と書かれているのは，右辺が dx を含むからです．

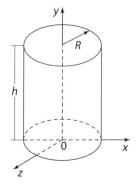

図 6.4 y 軸の周りで回転する剛体円柱

剛体円柱の慣性モーメントを計算するために，**剛体**円柱は薄い円筒形シェルの無限の層でできていると考えます．これは，数学的には $dI_{シェル}$ の積分を x に関して 0 から R まで計算することを意味するので，慣性モーメントは

$$I_{剛体} = \int_0^R dI_{シェル} = \int_0^R \rho 2\pi h x^3\, dx = \rho 2\pi h \left(\frac{x^4}{4} \right) \bigg|_0^R = \frac{\rho \pi h}{2} R^4$$

となります．剛体円柱の全質量は

$$M_{剛体} = \pi R^2 \rho h$$

なので

$$I_{剛体} = \frac{1}{2} M_{剛体} R^2$$

です．半径 R の**薄い**円筒形シェルが長軸の周りで回転する場合は，**すべての質量は軸から等距離にあるので**，一目で

$$I_{シェル} = M_{シェル} R^2$$

だとわかります．

地球の慣性モーメントを求めるには，回転軸が剛体球の直径であるときの 3 重積分 $\iiint_V l^2 dm$ を計算する必要があります．大学 1 年レベルの微積分の本には，この積分の標準的な計算法が載っていますが，ここでは**もっ**

とうまいやり方をあなたに教えましょう．これは，2つのステップで行います．初めのステップは，**球殻**に対する3重積分を見つけることです．つまり，非常に薄い表面（風船を思い浮かべてください）をもった空洞の球です．その次のステップは，剛体円柱でやった計算と同じようにして，球を無限の層の球殻で作られているとして剛体球にすることです．

ステップ 1 半径 a の薄い表面の球で，シェルの厚み da をもった，質量密度 ρ の球殻から始めます．dm は**表面での質量**だから，次のように書きます．

$$dm = \rho\, dS\, da$$

ここで，dS は表面の微小面積素で，これをシェルの全表面にわたって積分すれば，球殻の全表面積 S は

$$\iint_S dS = S = 4\pi a^2$$

となります．回転軸は x 軸としましょう．こうすれば，回転軸から各要素 dm までの距離は y と z だけに依存することになります．なぜなら，表面上で $x^2 + y^2 + z^2 = a^2$ であり，y と z が与えられたら x は決まるからです．つまり，

$$l^2 = y^2 + z^2$$

だからです．シェルの全質量は表面にあり，内部は空っぽなので，3重積分は2次元表面だけの2重積分になります．したがって，

$$dI_x = \iint_S \left(y^2 + z^2\right) \rho\, dS\, da = \rho\, da \iint_S \left(y^2 + z^2\right) dS$$

です．この考え方に基づけば，回転軸が y 軸の場合は

$$l^2 = x^2 + z^2,$$

回転軸が z 軸の場合は

$$l^2 = x^2 + y^2$$

です．その結果

$$dI_y = \rho \, da \iint_S (x^2 + z^2) \, dS$$

と

$$dI_z = \rho \, da \iint_S (x^2 + y^2) \, dS$$

が成り立ちます．ここに，あなたに約束した「うまい気づき」があるのです．球の有する球対称性により次式が成り立ちます．

$$dI_x = dI_y = dI_z = dI_{シェル}$$

この関係式に着目すると

$$dI_x + dI_y + dI_z = 3dI_{シェル} = \rho \, da \iint_S (y^2 + z^2) \, dS + \rho \, da \iint_S (x^2 + z^2) \, dS$$
$$+ \rho \, da \iint_S (x^2 + y^2) \, dS = 2\rho \, da \iint_S (x^2 + y^2 + z^2) \, dS$$

と書けることがわかります．前述したように，（すべてのシェル質量が局在する）球殻の表面上では

$$x^2 + y^2 + z^2 = a^2$$

なので

$$3dI_{シェル} = 2\rho \, da \iint_S a^2 dS = 2\rho a^2 da \iint_S dS = 2\rho a^2 da \, (4\pi a^2) = 8\pi \rho a^4 da$$

です．したがって，半径 a で厚み da の球殻の（**任意の直径の回転軸周りで**の）微小慣性モーメントは

$$dI_{シェル} = \frac{8}{3}\pi \rho a^4 da$$

となります．

ステップ2 半径 R の**剛体**球の慣性モーメントを求めるために，剛体球がタマネギのように薄い球殻の層でできていると想像してください．つまり，半径の増大する**球形シェルが無数にたくさんある**状態です．数学的には，こ

れはシェルの微小慣性モーメント $dI_{シェル}$ を $0 \leq a \leq R$ にわたって積分することを意味します．したがって，一定の密度 ρ をもった剛体球に対して

$$I_{剛体球} = \int_0^R dI_{シェル} = \frac{8}{3}\pi\rho \int_0^R a^4 da = \frac{8}{3}\pi\rho \left(\frac{a^5}{5}\right)\Big|_0^R = \frac{8\pi R^5}{15}\rho$$

です．剛体球の質量は

$$M_{剛体球} = \frac{4}{3}\pi R^3 \rho$$

なので，密度が一定の球の慣性モーメントは

$$I_{剛体球} = \frac{2}{5}M_{剛体球}R^2 = 0.4 M_{剛体球}R^2$$

となります．

しかし，地球は密度一定の球では**ありません**．中心部分のほうが地表部分よりも高密度です[4]．そのため，厳密にいえば，地球の慣性モーメントは **0.4 より小さな係数**[5] の

$$I_{地球} = 0.3444 M_{剛体球} R^2_{地球}$$

で与えられます．

いよいよ海洋潮汐のパワーを計算する準備が，すべて整いました（ここからは添字「地球」を省く）．地球の回転運動の運動エネルギーは

$$E = \frac{1}{2}\Omega^2 I$$

です．ここで，角速度 Ω は

$$\Omega = \frac{2\pi}{T}$$

であり，T は地球の回転周期（1 日の長さ）です．したがって

$$E = \frac{1}{2}\frac{4\pi^2}{T^2}(0.3444)MR^2 = 0.6888 M \frac{\pi^2 R^2}{T^2} = \frac{C}{T^2}$$

です（計算過程が見やすくなるように，kg·m^2 の単位をもった定数 $C = 0.6888 M \pi^2 R^2$ を使用）．E の単位 $\frac{\text{kg·m}^2}{\text{s}^2}$ がエネルギーの単位になることをチェックして，すべてに矛盾がないことを確認してください．「エネルギー

第 6 章　水の運動からエネルギーを作ろう

は力と距離の積」であること（第3章の注釈2を参照），そして「力は質量と加速度の積」であることを思い出してください．その結果，エネルギーの単位は「質量と加速度と距離の積」の単位，つまり，

$$\text{kg} \times \frac{\text{m}}{\text{s}^2} \times \text{m} = \frac{\text{kg} \cdot \text{m}^2}{\text{s}^2}$$

のようになります．これは，すでに登場しているエネルギーの単位ジュールと同じ（第3章の注釈4を参照）なので，次の関係が成り立ちます．

$$1 \text{ ジュール} = 1 \frac{\text{kg} \cdot \text{m}^2}{\text{s}^2}$$

さて，地球の自転時間が T から $T + \Delta T$ まで増加したときの地球の回転運動エネルギーを $E + \Delta E$ とすれば

$$E + \Delta E = \frac{C}{(T + \Delta T)^2}$$

と書けるので，ΔE は次のようになります．

$$\Delta E = \frac{C}{(T + \Delta T)^2} - E = \frac{C}{(T + \Delta T)^2} - \frac{C}{T^2} = C \left[\frac{1}{(T + \Delta T)^2} - \frac{1}{T^2} \right]$$
$$= C \left[\frac{T^2 - (T + \Delta T)^2}{T^2 (T + \Delta T)^2} \right] = C \frac{T^2 - T^2 - 2T\Delta T - (\Delta T)^2}{T^2 \left[T^2 + 2T\Delta T + (\Delta T)^2 \right]}$$

ここで，$T \gg \Delta T$ を仮定すれば，上の式は

$$\Delta E \approx -C \frac{2T\Delta T}{T^4} = -2C \frac{\Delta T}{T^3}$$

となります．

$T = 86{,}400$ 秒と $\Delta T = 2 \times 10^{-3}$ 秒の値（$T \gg \Delta T$ の仮定が正当化されるような数値）を代入すると

$$\Delta E \approx -2 \left(0.6888\right) M \pi^2 R^2 \frac{2 \times 10^{-3}}{(8.64 \times 10^4)^3}$$

です．地球の質量 $M = 5.98 \times 10^{24}$ kg と半径 $R = 6.38 \times 10^6$ m を使えば，100年間（$\Delta T = 2$ ミリ秒をとったので100年間）に地球の回転運動エネルギーの変化は，次のようになります．

$$\Delta E \approx -2(0.6888)(5.98 \times \text{kg})\pi^2$$
$$\times (6.38 \times 10^6 \,\text{m})^2 \frac{2 \times 10^{-3}\,\text{s}}{(8.64 \times 10^4\,\text{s})^3}$$
$$= 10.26 \times 10^{21} \text{ジュール}$$

このエネルギーを 100 年間の秒数（3.15×10^9）で割れば 3,260 ギガワットの**パワー**になります．1 馬力 =746 ワットなので，海洋潮汐のパワーは $\frac{3,260 \times 10^9}{746}$ 馬力 = 43.7 億馬力です．

これは莫大な数値なので，このパワーの一部だけでも利用したいと，今日まで考えられてきたのは当然です．一見よさそうに思える面白いアイデアの一例を，次に紹介します（でも，実際にはダメなアイデアだった）．

> 潮の干満による古い廃船の上下振動は実用的なパワーを供給するだろう，という提案を何年か前に私ダーウィンは見た．非常に重い船を想像すれば，このプロジェクトに一瞬惑わされるかもしれないが，計算すればダメだとわかる．干満は干潮から満潮まで 6 時間かかり，そして，ふたたび満潮から干潮まで同じ時間かかる．水が 10 フィート（約 3 m）上昇する間，その水に浮かんでいる 10,000 トンの廃船も 10 フィート変位するとしよう．このとき，たった 20 馬力しか生まれないことを示すのは簡単だ．... このプロジェクトの無意味さが指摘されたとき，この企画者が断念したことを私はうれしく思う[6]．

ここで「たった 20 馬力」というのは，実は**過大評価**なのです．というのは，10,000 トン（約 20,000,000 ポンド）を 10 フィート上げる（下げる）のに 200,000,000 フィート・ポンドのエネルギーが必要だからです．このエネルギーが 6 時間（21,600 秒）で生み出されるから，**パワー**は

$$\frac{200,000,000\,\text{フィート・ポンド}}{21,600\,\text{秒}} = 9,259\frac{\text{フィート・ポンド}}{\text{秒}}$$

です．1 馬力 = 550 $\frac{\text{フィート・ポンド}}{\text{秒}}$ を使って，馬力に換算すれば

$$\frac{9,259}{550}\text{馬力} = 16.8\,\text{馬力}$$

です．この値は，ダーウィンの指摘をさらに支持する値になります．

ここで話を終えて，回転の物理学に関するすべての議論についてじっくりと考えるチャンスをあなたに与えましょう．第10章ではこれらのアイデアを活用して，本書の前半で残してきた興味深い物理学の問題（円柱は斜面をどれくらい早く転げ落ちるのか，倒壊する煙突はどのように屈曲するのか，月はなぜ地球から遠ざかっているのか等）に答えたいと思っています．

注　釈

1) 潮汐の膨らみに作用する月の重力による地球へのトルクは，力と腕の長さとの積です（台所の流しの下で，仰向けになってレンチでナットを締めるときのトルクを想像してください！　トルクの単位はイギリスではフィート・ポンド，メートル法ではニュートン・メートル．トルクとエネルギーの単位は同じだが，両者は全く異なる概念である）．地球と月の系でのトルクは，地球の中心と膨らみを繋ぐ直線に垂直で，膨らみに作用する重力の成分です．そして，トルク・レバーアームはその直線です（もちろん，その長さは地球の半径）．
2) 初期（つまり原子時計以前）の研究者たちはこの考えを逆に使って，遅くなる割合を決めようとしました．つまり，古代の日食の記録された時間と，1日の長さが**一定である**と仮定して，ニュートンの重力理論で予言される時間とを比較したが，この試みはあまり成功しませんでした．Walter H. Munk and Gordon J. F. MacDonald, "*The Rotation of the Earth*", Cambridge University Press, 1960, pp.186-191 を参照．
3) 地球は太陽の周りを回るので，**並進**運動エネルギーをもっています．しかし，たとえこの軌道運動が止まったとしても，地球は地軸の周りで回転しているので，回転運動エネルギーをもっています．2つの運動エネルギーの合計が，地球の全運動エネルギーになります．
4) 地球内部の密度の詳細は拙著 "*Mrs. Perkins's Electric Quilt*", Princeton University Press, pp.191-200 を参照．地球の中心の密度は水の密度の約13倍ですが，地表近くの密度は水の密度の約3倍です．
5) **より小さくなります**．なぜなら，地球は一定密度の球ではなく，地球の質量の比較的大きな部分が地球の回転軸の近くに局在するからです．
6) 1898年初版で，1962年にフリーマン（W. H. Freeman）によって転載された Sir George Darwin: "*The Tides*", pp.73-74 から引用．ダーウィンは次のように書いたとき，辛口のユーモアを示しています．「これは，ある発明家がその計画の実現不可能性のために止めさせられた唯一の私が耳にした例です」．ダーウィンは潮汐からエネルギーを取り出すことには熱心でなく，本当は水を使ったエネルギー源としての**河川**の方に興味を持っていました．

第 7 章

髪の乱れにベクトルを想う

Vectors and Bad Hair Days

> 光速より速く旅するのは不可能だ．
> それに，帽子が吹き飛ばされるのだってうれしくないさ．
> ——ウッディ・アレン

　夫婦でよく行くショッピングモールでは，モールの入り口まで広々とした平坦なアスファルト駐車場を横切って歩くときに，強い風に見舞われます．私は強風で髪が乱れないように入り口まで行きたいので，できるだけ風が私の真横から（左から右へ）当たるように，いくつかある入り口の 1 つを選びます．フードコート（私がこれを書いている場所）で身だしなみを保ちたいという願いが，ベクトルを用いた次のような「シンプルな物理学」の問題[1]に向かわせます．

　　初めに私は風の中を歩いているとしよう．このとき，風が私の経路に対して直角に吹くようにするには，風と経路との角度をどのようにとればよいか？

　多くの人にとって（おそらく）驚きなのは，答えが 90° では**ない**ことです．駐車場に対して相対的な私の速度ベクトル（いわゆる**グラウンド速度**）を $\vec{v}$，風の（グラウンドに相対的な）速度ベクトルを $\vec{w}$ としましょう．そうすると，**風に相対的な**私の速度ベクトル $\vec{v'}$ は次式で与えられます．

$$\vec{v'} = \vec{v} - \vec{w}$$

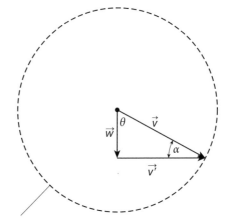

一定の大きさの
全ての可能な$\vec{v}$の軌跡

図 7.1 $w < v$ の場合

このベクトル式から，次の2つの特別な場合は，すぐに物理的に理解ができます．

(1) 風と一緒に歩いている場合，$\vec{v}$ と $\vec{w}$ は平行（そのため $v' = v - w$）[2]
(2) 風に向かって歩いている場合，$\vec{v}$ と $\vec{w}$ は反平行（そのため $v' = v + w$）

ベクトルを使うと，風に対してどのような向きに歩けばよいか，そのすべての可能性を単一の式で簡単に表すことができます．上のベクトル式を書き換えると

$$\vec{v} = \vec{v'} + \vec{w}$$

となります．

さて，風に相対的な私の速度ベクトルが $\vec{v'}$ であれば，$-\vec{v'}$ は私に相対的な風の速度ベクトルです．この $-\vec{v'}$ が駐車場を横切るときに私の髪で反応するものです．**図 7.1** では，ベクトル $\vec{w}$ を真下を向くように描いています．これはよくやることです．というのは，$\vec{w}$ は与えられた固定ベクトルなので，風の向きを**下向きに定義**すればよいだけです（好きな向きに $\vec{w}$ を描いて構いません．そのあとで $\vec{w}$ が下を向くまで紙面を回せばよいだけです！）．ベクトル $\vec{v'}$ は $\vec{v}$ を得るために $\vec{w}$ に加えられるベクトルです．覚え

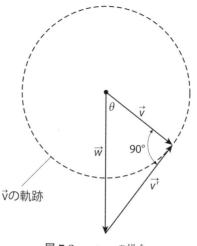

図 **7.2** $w > v$ の場合

ていてほしいのは，$\vec{w}$ は与えられたベクトルで，$\vec{v}$ は私が選べるベクトルだということです．いったんモールまで歩くために $\vec{v}$ を選べば，この $\vec{v}$ と $\vec{w}$ によって $\vec{v'}$ は決定されます．いま，$\vec{v'}$（実際は $-\vec{v'}$）が $\vec{v}$ に直交する（したがって $\alpha = 90°$ となる）ように $\vec{v}$ を選びたいとします．図 7.1 では，$w < v$（風は私が歩く速さよりもゆっくり吹いている）と仮定しているので，見ての通り，$\vec{v}$ を円の周りで回転させることができます（その**大きさ**を固定したまま）．そのため，直交した $\vec{v'}$ を与える $\vec{v}$ を選ぶ（角度 θ を調整する）ことはできません．これが自明なこととは，私は思いません．

図 **7.2** では状況が変わります．ここでの仮定は $w > v$ です（風は私が歩く速さよりも速く吹いている）．いま，θ を $\alpha = 90°$ となるように選ぶことは可能です．このとき直角三角形になるので，次式が成り立ちます．

$$\frac{v}{w} = \cos(\theta)$$

そのため，私の歩く経路に対して風が直角に吹くように，風と歩く向きとの角度を

$$\theta = \cos^{-1}\left(\frac{v}{w}\right)$$

のように調整できます．例えば，5 mph（約 8 km/h）の風の中を 2 mph（約

3 km/h）で歩いていくと，私の歩く経路は風の向きに対して

$$\cos^{-1}\left(\frac{2}{5}\right) = 66.4°$$

でなければなりません．

　この問題は，ベクトルが数理物理学でどのように重要な役割を果たすかを示す真面目な例です．しかし，本章を少し軽めに終えるために，気晴らしに「ベクトルジョーク」を話しましょう．「登山者と蚊がクロス（交差）すると，何が起こるだろうか？」．生物学者は「クロスするなんて，あり得ないから，何も起きない」と答えるに違いありません．純粋数学者はそれに同意するだけでなく，その不可能性が**証明できる**と主張します．その証明法は次の通りです．

　　ベクトル演算では，2つのベクトルを掛けるのに2通りの方法がある．それは**スカラー積**（結果はスカラー）と**ベクトル積**（結果はベクトル）である．両方の積は物理で使うが，どちらの積も2つのベクトルを用いて作る．しかし，注意してほしいのは，蚊は実際は病原菌を媒介する生物（**ベクトル**）で，登山者は**スカラー**である．このため，ベクトルとスカラーのクロス（掛け算）は不可能†．

注　釈

1) やや抑えた自己中心的な説明は R. L. Armstrong: "Relative Velocities and the Runner", *American Journal of Physics*, September 1978, pp.950-951 を参照．
2) **風の速さで**，風と一緒に動いている熱気球の乗客は $v = w$ なので $v' = 0$ です．つまり，（地上の観測者から見たら強い風で動いている気球でも，その気球に乗っている）乗客は**全く風を感じません**．

---

† （訳注）ベクトルには病原菌媒介生物（蚊やハエなど）の意味があります．一方，スカラーには登山の意味があります．蚊と登山家はクロスできるか（蚊に刺されるか）という問いに対して，数学のベクトル積やスカラー積は**ベクトル同士の積で定義**されるものだから，ベクトルとスカラーでクロス（積）はあり得ない，というジョークです．しかし，日本人にはわかりにくくて笑えない冗談でしょう．

第8章
照明問題

An Illuminating Problem

> 電球を発明する前に，アインシュタインが色々な色を変えたと，私は思う．
> ——ホーマー・シンプソンは，再び，自分が愚かであることを証明する．

電気回路と抵抗の物理学（オームの法則とキルヒホッフの法則[1]）を組み合わせると，シンプルな計算で以下のような問題に答えることができます．

図8.1 と図8.2 のように，2つの回路があり，それぞれは理想的なバッテリー[2]と白熱電球とスイッチを含んでいる．両方の回路とも，バッテリーは同じ電圧で，電球も同じ（特に，フィラメントは同じ抵抗値）．両回路に対して，（図に示すように）スイッチを開いているときから閉じるときまでに，各電球の明るさはどのように変化するかを述べよ．その上で，図8.1 の回路に対して，一番右のバッテリーを逆にしたあとで，再び，この問題に答えよ．

スイッチを（描いているように）開いた図8.1 の回路に対して，明らかに，両電球の電流は同じ $\frac{V}{R}$ です．ここで，R はフィラメントの抵抗です．そのため，各電球は同じ明るさです．いったんスイッチを閉じれば，**図8.3** のような回路になります．ここで，各電球はそれに等価な抵抗 R に置き換えられています．

接地ノードを基準にすると，直列につないだバッテリーの最上部の電圧は $2V$ です．両電球に共通なノードでの電圧の値を E とします．そうすると，各電流は

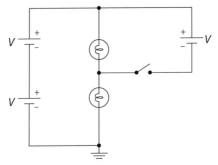

図 8.1 スイッチを閉じた後，それぞれの電球の明るさはどのように変わるか？ 右端のバッテリーの向きを逆にしたら，答えはどうなるか？

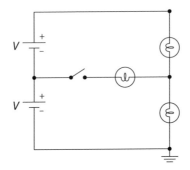

図 8.2 スイッチを閉じた後，それぞれの電球の明るさはどのように変わるか？

$$I_1 = \frac{E}{R}$$

と

$$I_2 = \frac{2V - E}{R}$$

で与えられます．また，一番右のバッテリーのために

$$E + V = 2V$$

なので，$E = V$ より各電流は

$$I_1 = \frac{V}{R}$$

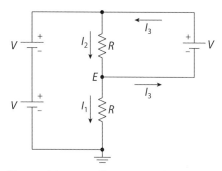

図 8.3 図 8.1 の回路でスイッチを閉じた場合

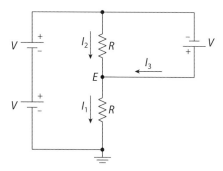

図 8.4 図 8.1 の回路でスイッチを閉じて，右端のバッテリーを逆にした場合

と

$$I_2 = \frac{2V - E}{R} = \frac{2V - V}{R} = \frac{V}{R}$$

になります．

I_1 と I_2 の値は，スイッチが開いていたときの値と全く同じです．どちらの電球も明るさは**変わらない**ことに注意してください（また右端のバッテリーの電流 I_3 も，E のノードで $I_2 = I_1 + I_3$ のために，ゼロになることに注意）．

再び図 8.1 の回路に対しては，一番右のバッテリーを逆にしてスイッチを閉じると，**図 8.4** の回路になります．

この回路の式は

$$I_1 = \frac{E}{R}$$

第 8 章 照明問題

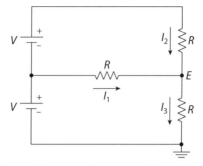

図 8.5 図 8.2 の回路でスイッチを閉じた場合

と

$$I_2 = \frac{2V - E}{R}$$

です．いま，左側の直列につないだバッテリーの上端からスタートして，最も右側のバッテリーを通って行けば

$$2V + V = E = 3V$$

となるので

$$I_1 = \frac{3V}{R}$$

と

$$I_2 = \frac{2V - 3V}{R} = -\frac{V}{R}$$

になります．したがって，I_1 は 3 倍になり，I_2 は（大きさは変わらないが）向きが変わります．これは，I_2 が流れている上側の電球の明るさに**変化がないが**，I_1 が流れている下側の電球の明るさは**増加した**ことを意味します．

さて，図 8.2 の回路に注意を向けましょう．真ん中のスイッチは開いているから，真ん中の電球は当然点灯していません．なぜなら，そこを通る電流はゼロだからです．一方，上下の電球は，それぞれを流れる電流が同じ $\frac{2V}{2R} = \frac{V}{R}$ なので，同じ明るさです．スイッチを閉じると，**図 8.5** の回路になります．

それらの電流は

$$I_1 = \frac{V-E}{R}, \quad I_2 = \frac{2V-E}{R}, \quad I_3 = \frac{E}{R}$$

です．これらを

$$I_1 + I_2 = I_3$$

に代入すると

$$\frac{V-E}{R} + \frac{2V-E}{R} = \frac{E}{R}$$

より

$$V - E + 2V - E = E$$

となるので，$E = V$ だとわかります．したがって

$$I_1 = 0, \quad I_2 = \frac{V}{R} = I_3$$

となり，どの電球も明るさに**変化は生じません**．

「回路を見ただけで答えがわかる」ときに，数学を駆使して解くのはやり過ぎだと考え，このような回路の式を使うことを馬鹿にする読者がいるかもしれません．実際に，回路を見てすぐ解ける人がいることを私は疑いません．しかし，電気工学の博士号をもった人でも残念ながら，回路を見ただけではすぐに答えられない人もいるのです．回路で何が起こるかを**確信できる**ときでも，フォーマルな解析をするともっと理解の深まる気が私はします．そこで，懐疑的な読者（まだ馬鹿にしている読者）には，図 8.2 の回路を修正した次の問題にチャレンジしてもらいましょう．

> 上側の電球を他の 2 個の電球の 2 倍のフィラメント抵抗をもったものに換えて，スイッチを閉じたら何が起こるか？　この先を読む前に，答えをすぐに書くこと．

スイッチを開いた状態では，真ん中の電球は当然点灯しません（前と同じ）．そして，上下の電球にはいま $\frac{2V}{3R} = 0.67\frac{V}{R}$ と同じ電流が流れています（前と同じ）．上下の電球のフィラメント抵抗は異なるので同じ明るさではないが，両電球とも**点灯します**．

スイッチを閉じると，回路の式は以前の式と少しだけ違って見えますが，その違いは大きな効果を生じます．

$$I_1 = \frac{V-E}{R}, \quad I_2 = \frac{2V-E}{2R}, \quad I_3 = \frac{E}{R}$$

と

$$I_1 + I_2 = I_3$$

より

$$\frac{V-E}{R} + \frac{2V-E}{2R} = \frac{E}{R}$$

のような式を得ます．これを

$$2V - 2E + 2V - E = 2E$$

のように変形すれば

$$4V = 5E$$

となるので，$E = \frac{4}{5}V$ です．したがって，3つの電流の値は

$$I_1 = \frac{V - \frac{4}{5}V}{R} = \frac{1}{5}\frac{V}{R} = 0.2\frac{V}{R} \quad (スイッチオフのときは 0)$$

$$I_2 = \frac{2V - \frac{4}{5}V}{2R} = \frac{3}{5}\frac{V}{R} = 0.6\frac{V}{R} \quad \left(スイッチオフのときは 0.67\frac{V}{R}\right)$$

$$I_3 = \frac{E}{R} = \frac{4}{5}\frac{V}{R} = 0.8\frac{V}{R} \quad \left(スイッチオフのときは 0.67\frac{V}{R}\right)$$

となります．

この結果から，スイッチを閉じると中央の電球が消灯から点灯に変わること（ただし，スイッチを開いていたときと同じ下側電球よりも強度は弱まっている），上側の電球は薄暗くなること（しかし，いま点灯している真ん中の電球よりはまだ明るい），そして，下側の電球はスイッチが開いていたときよりも少し明るくなること，などがわかります．

さて，**正直に答えてください**．数学を使って計算する**前**に，あなたはどのような答えを書きましたか？

注 釈

1) ドイツの物理学者キルヒホッフ（Gustav Kirchhoff（1824-1887 年））にちなんだ名称です．(a) 任意の閉じた回路周りの電圧降下の合計はゼロ（これはエネルギー保存則を表したもの）．(b) 任意の結節点に入る電流の合計はゼロ（これは電荷の保存則を表したもの）．オームの法則はドイツの物理学者オーム（Georg Ohm（1789-1854 年））にちなんだ名称ですが，これは有名な「抵抗による電圧低下は，抵抗を流れる電流と抵抗値の積である」というものです．
2) **理想的な**バッテリーとは，内部抵抗が**ゼロ**のものを意味します．**実際の**バッテリーは常に正の内部抵抗をもっています．典型的には全く小さい値（1 オームの数分の 1 程度）ですが，新品の場合，電池の寿命が短くなるにつれて大きくなります．

第 9 章

ストップウォッチで深さを測る

How to Measure Depth with a Stopwatch

> 別の瞬間，アリスは白いウサギの後をつけ，穴の中に落ちていきました．
> アリスが再びこの世界にどのように出てくるのかなど考えないでください．
> ——ルイス・キャロル『不思議の国のアリス』

メインテーマに対するウォーミングアップとして，次のパズルを考えてみましょう．

小石を井戸に落としたとき，小石は井戸の深さの下半分の距離を 0.5 秒で落下して底にぶつかった．空気抵抗を無視すれば，井戸の深さはいくらか？

井戸の縁から半分の深さまで落下する時間を t_1，井戸の深さを x とすると

$$\frac{1}{2}x = \frac{1}{2}gt_1^2$$

より

$$t_1 = \sqrt{\frac{x}{g}}$$

となります．t_2 を**全落下**に必要な時間とすれば，

$$x = \frac{1}{2}gt_2^2$$

より

$$t_2 = \sqrt{\frac{2x}{g}}$$

です．そうすると t_2 と t_1 の差が 0.5 秒なので

$$t_2 - t_1 = \sqrt{\frac{2x}{g}} - \sqrt{\frac{x}{g}} = \frac{1}{2}$$

と書けるから

$$\sqrt{x}\left(\sqrt{\frac{2}{g}} - \sqrt{\frac{1}{g}}\right) = \frac{1}{2} = \sqrt{x}\frac{\sqrt{2} - \sqrt{1}}{\sqrt{g}} = \sqrt{x}\frac{\sqrt{2} - 1}{\sqrt{g}}$$

となります．これから

$$\frac{1}{4} = x\left(\frac{\sqrt{2} - 1}{\sqrt{g}}\right)^2 = x\frac{(\sqrt{2} - 1)^2}{g}$$

となるので，井戸の深さ x の値は

$$x = \frac{g}{4\left(\sqrt{2} - 1\right)^2} = \frac{32.2}{4\left(\sqrt{2} - 1\right)^2} \text{ フィート} = 46.9 \text{ フィート (約 14 m)}$$

です．

深い鉛直な穴の縁に立っていると想像してください．その穴は**とても深い**ので徐々に暗くなり底は見えません．**どれくらいの深さか**を知りたければ，「シンプルな物理学」を使ってその好奇心を満たすことができます．必要なモノは，小さな鉄の玉（ビー玉の大きさ）とストップウォッチだけです．

鉄の玉を穴に落とすと同時に，ストップウォッチを押します．ボチャ（あるいは，穴が乾いていればドン）という音が聞こえたら時計を止めます．音速は秒速 1,115 フィート（約 340 m/s）なので空気抵抗を無視すると，ストップウォッチが 3 秒であれば，そのときの穴の深さがわかります．

> もし 6 秒だったら，深さはどうなるだろうか？ 6 秒間の落下の計算で出した深さが，3 秒の落下での深さの 2 倍ではない理由を説明せよ．

ボールが底に当たるまでの時間を t_1，底に到達したボールからあなたの耳に音が聞こえるまでの時間を t_2 とすると，**全**時間（ストップウォッチで読んだ値）T は

$$T = t_1 + t_2$$

です．ここで，穴の深さを D，音速を s とすれば（空気抵抗は無視するので）

$$D = \frac{1}{2}gt_1^2$$

と

$$t_2 = \frac{D}{s}$$

が成り立ちます．t_1 は

$$t_1 = \sqrt{\frac{2D}{g}}$$

なので，この t_1 と t_2 を T に代入すると

$$T = \sqrt{\frac{2D}{g}} + \frac{D}{s}$$

です．これは

$$sT - D = s\sqrt{\frac{2D}{g}}$$

と書けるので，この式の両辺を 2 乗して，各項を整理すれば

$$D^2 - \left(\frac{2s^2}{g} + 2sT\right)D + s^2T^2 = 0$$

という D に関する 2 次方程式になります．

2 次方程式の解の公式を使うと

$$D = \frac{s^2 + sTg \pm s^2\sqrt{1 + 2\frac{Tg}{s}}}{g}$$

です．実際には，± のサインがあるので D には **2 つの解**がありますが，もちろんこれらの解の**両方が**正しいのではありません．どれを残し，どれを捨てるべきか．$T = 0$ の極端な場合を考えてみれば，どちらかわかります．**物理的に考えて**，$T = 0$ は $D = 0$ を意味します．プラスをとれば $D = \frac{2s^2}{g}$ なので明らかに誤りです．マイナスをとれば $D = 0$ になるので，穴の深さは

$$D = \frac{s^2 + sTg - s^2\sqrt{1 + 2\frac{Tg}{s}}}{g} = \frac{s^2\left[1 - \sqrt{1 + 2\frac{Tg}{s}}\right] + sTg}{g}$$

です．つまり，D は次式で与えられます．

$$D = sT + \frac{s^2}{g}\left[1 - \sqrt{1 + 2\frac{Tg}{s}}\right]$$

3秒間の落下の場合，穴の深さは次のようになります．

$$D = (1{,}115)\,3 + \frac{1{,}115^2}{32.2}\left[1 - \sqrt{1 + 2\frac{3(32.2)}{1{,}115}}\right] \text{フィート}$$
$$= [3{,}345 + 38{,}609\,(-0.08318)] \text{フィート}$$
$$= [3{,}345 - 3{,}211] \text{フィート} = 134 \text{フィート}(約\,41\,\text{m})$$

6秒間の落下の場合，穴の深さは次のようになります．

$$D = (1{,}115)\,6 + \frac{1{,}115^2}{32.2}\left[1 - \sqrt{1 + 2\frac{6(32.2)}{1{,}115}}\right] \text{フィート}$$
$$= [6{,}690 + 38{,}609\,(-0.1604)] \text{フィート}$$
$$= [6{,}690 - 6{,}193]\ \text{feet} = 497 \text{フィート}（約\,150\,\text{m}）$$

これは3秒の落下の深さの **2倍以上** あります．理由は次の通りです．

　6秒の落下の終わりで，ボールは $gt = 32.2\,(6)$ フィート/秒 $= 193$ フィート/秒（約 $59\,\text{m/s}$）の速さで動いています．それは音速よりもはるかに小さい値です．そのため，6秒の大半は落下自体に使われ，底にぶつかったボールからの音に要する時間はわずかです．つまり，ほぼ6秒の間，ボールは速さを絶えず増大させながら落下するため，3秒の落下距離の2倍以上も進むのです．

第 10 章

序章のチャレンジ問題を解こう

Doing the Preface Problems

> 愛が世界を動かす．
> ——「角運動量が世界を回転させる」と言い換えると，
> 明らかに何かを失うという陳腐な諺（ことわざ）

　第 6 章で，慣性モーメントとトルクの概念に出会いました．ここでは，その議論を拡張して，序章の終わりであなたを待たせておいた 2 つの問題に答えましょう（第 1 章の例題 6 の最後に述べた「地球からの月の後退に関する問題」も一緒に）．まず，いくつかの基本的な物理量の復習から始めましょう．

　速さ v で運動する質量 m の物体は，次式で与えられる（並進）運動の運動エネルギーをもっています．

$$E_{並進} = \frac{1}{2}mv^2$$

　第 6 章で，角速度 Ω ラジアン/秒で回転している物体は，直線運動していなくても，次式で与えられる**回転の運動エネルギー**をもっていることを説明しました．

$$E_{回転} = \frac{1}{2}I\Omega^2$$

　ここで，I は回転軸の周りでの物体の慣性モーメントです．これら 2 つ

のエネルギーには次のようなアナロジーがあります．I は m に「似ている」し，Ω は v に「似ている」．したがって，このアナロジーを運動量に拡張すれば，線運動量は mv だから，**角運動量は $I\Omega$** になります．

この 2 種類の運動エネルギーを使って，斜面（図 P.1 をもう一度見てください）を転がる 2 個の円柱（1 個は中空，もう 1 個は剛体）に関する「チャレンジ問題」を解くことができます．時刻 $t = 0$ のとき，2 個の円柱（質量 m，半径 R）は傾斜角 θ の斜面上で，下端から距離 L のところに静止しています．したがって，2 個の円柱は最初，**ゼロ**の運動エネルギーと $mgL\sin(\theta)$ のポテンシャルエネルギーをもっています．それぞれの円柱が斜面を x だけ転がると，そのポテンシャルエネルギー $mgx\sin(\theta)$ の一部が並進運動と回転運動の運動エネルギーに変わります．つまり，円柱が斜面を x だけ下に転がったときに，円柱の慣性モーメントを I，回転角速度を $\Omega(x)$，速さを $v(x)$ とすれば，次式が成り立ちます．

$$\boxed{\frac{1}{2}mv^2 + \frac{1}{2}I\Omega^2 = mgx\sin(\theta)}$$

距離 x での円柱の 1 回転する時間を $T(x)$ とすれば

$$\Omega(x) = \frac{2\pi}{T(x)}$$

なので

$$T(x) = \frac{2\pi}{\Omega(x)}$$

です．円柱は 1 回転で $2\pi R$ だけ斜面を転がるので

$$v(x) = \frac{2\pi R}{T(x)} = \frac{2\pi R}{\frac{2\pi}{\Omega(x)}} = \Omega(x)R$$

より

$$\Omega(x) = \frac{v(x)}{R}$$

となります．この Ω を直前の枠で囲った式に代入すれば，次式になります．

$$\boxed{\frac{1}{2}mv^2 + \frac{1}{2}I\frac{v^2}{R^2} = mgx\sin(\theta)}$$

この式はどちらの円柱でも成り立ちますが，I は異なります．そこで，まず剛体円柱から考えていきましょう．

第 6 章で示したように

$$I_{剛体} = \frac{1}{2}mR^2$$

です．したがって

$$\frac{1}{2}mv^2 + \frac{1}{4}mv^2 = mgx\sin(\theta) = \frac{3}{4}mv^2$$

より

$$v^2 = \frac{4gx\sin(\theta)}{3}$$

です．速さは

$$v = \frac{dx}{dt}$$

なので，次式のように書けます．

$$\frac{dx}{dt} = \sqrt{\frac{4g\sin(\theta)}{3}}\sqrt{x}$$

これを，区間 $0 \leq x \leq L$（と区間 $0 \leq t \leq t_{剛体}$，ただし $t_{剛体}$ は剛体円柱が斜面の下端まで到達するのに要する時間）で積分すれば

$$\int_0^L \frac{dx}{\sqrt{x}} = \int_0^{t_{剛体}} \sqrt{\frac{4g\sin(\theta)}{3}}\,dt = 2t_{剛体}\sqrt{\frac{g\sin(\theta)}{3}} = 2\left(\sqrt{x}\right)\bigg|_0^L = 2\sqrt{L}$$

となるので，次の結果を得ます．

$$\boxed{t_{剛体} = \sqrt{\frac{3L}{g\sin(\theta)}}}$$

次に，この計算を中空円柱にも適用しましょう．第 6 章から

$$I_{中空} = mR^2$$

なので

$$\frac{1}{2}mv^2 + \frac{1}{2}mv^2 = mgx\sin(\theta) = mv^2$$

より

$$v^2 = gx\sin(\theta)$$

です．これを

$$\frac{dx}{dt} = \sqrt{g\sin(\theta)}\sqrt{x}$$

と書いて積分します．中空円柱が斜面の下端 $x = L$ まで到達するのに要する時間を $t_{中空}$ とすれば

$$\int_0^L \frac{dx}{\sqrt{x}} = \int_0^{t_{中空}} \sqrt{g\sin(\theta)}\,dt = t_{中空}\sqrt{g\sin(\theta)} = 2\sqrt{L}$$

となるので，次式を得ます．

$$\boxed{t_{中空} = \sqrt{\frac{4L}{g\sin(\theta)}}}$$

$t_{中空} > t_{剛体}$ だから，剛体円柱のほうが斜面を転がるレースに勝つことがわかります．具体的に計算すると

$$\frac{t_{中空}}{t_{剛体}} = \sqrt{\frac{4L}{g\sin(\theta)}}\sqrt{\frac{g\sin(\theta)}{3L}} = \sqrt{\frac{4}{3}} = \frac{2}{\sqrt{3}} = 1.1547$$

なので，中空円柱は斜面の下端に到達するのに剛体円柱よりも 15% 以上多くの時間がかかります．

この結果の実用的価値は何だろうって，質問したくなるでしょう？ 例えば，**ビヤ樽を使って**，斜面を最速で転げ落ちる人に一等賞がもらえるカントリーフェアに出場していると想像してください（私はもっと奇妙なレースを見たこともある）．私たちの結果が教えているのは，あなたを樽の**内部**に詰めるほうが，樽の**外側**にあなたを巻き付けるよりもうまくいくということで

第 10 章　序章のチャレンジ問題を解こう

す．何となく，あなたが最初のオプションを選ぶだろうと思いますが，いまそれは物理学で理論的に証明されただけでなく，常識にも合った正しい選択であったことがわかるはずです．

さて，もう1つの「チャレンジ問題」を見てみましょう．倒壊する煙突の問題です（もう一度，図P.2とP.3を見てください）．まず初めに，トルクと慣性モーメントと角加速度をつなぐ最も有用な式を証明します．質点 m が力 F を受けて加速度 a を生じていると想像することから始めます．つまり，$F = ma$ あるいは

$$a = \frac{F}{m}$$

です．この質点が角速度 Ω ラジアン/秒で半径 r の円軌道上を動いていれば，接線方向の速さは $v = r\Omega$ です．もし Ω が $\Delta\Omega$ だけ変われば，v は Δv だけ変わるので，

$$v + \Delta v = r(\Omega + \Delta\Omega)$$

より

$$\Delta v = r\Delta\Omega$$

です．Δv と $\Delta\Omega$ が時間 Δt の間に生じるとすれば，次式が成り立ちます．

$$\boxed{\frac{\Delta v}{\Delta t} = r\frac{\Delta\Omega}{\Delta t}}$$

そして，$\Delta t \to 0$ の極限で，質点は**角**加速度 α

$$\lim_{\Delta t \to 0} \frac{\Delta\Omega}{\Delta t} = \alpha$$

と**接線方向の**加速度 a

$$\lim_{\Delta t \to 0} \frac{\Delta v}{\Delta t} = a$$

の作用を受けます．したがって，直前の枠で囲った式は

$$a = r\alpha$$

となるので

$$\alpha = \frac{a}{r} = \frac{\frac{F}{m}}{r} = \frac{F}{mr} = \left(\frac{r}{r}\right)\frac{F}{mr} = \frac{rF}{mr^2}$$

です．第 6 章で示したように，rF はトルク，そして mr^2 は回転中心から距離 r の質点 m がもつ慣性モーメントなので，

$$角加速度 = \frac{トルク}{慣性モーメント}$$

あるいは

$$\boxed{トルク = (慣性モーメント) \times (角加速度)}$$

となります．

さて，図 P.2 に戻りましょう．煙突が倒れ，屈曲が（もし本当に起こるなら）起こる前に円軌道上を動く 2 つの等しい質点があります．b の質点は半径 L の円軌道上で，c の質点は半径 $2L$ の円軌道上です．2 つの質点の質量は等しいので，煙突に垂直なそれらの重量成分も等しくなります（それらの成分を F_b と F_c とする）．これらの成分が及ぼす（煙突の下端での軸の周りの）トルクは $T_\mathrm{b} = F_\mathrm{b}L$ と $T_\mathrm{c} = F_\mathrm{c}2L$ で，$F_\mathrm{b} = F_\mathrm{c}$ なので

$$T_\mathrm{c} = 2T_\mathrm{b}$$

です．また，軸の周りでの b の質点の慣性モーメントは $I_\mathrm{b} = mL^2$ で，c の質点の慣性モーメントは $I_\mathrm{c} = m4L^2$ だから，

$$I_\mathrm{c} = 4I_\mathrm{b}$$

です．α_b と α_c を b と c の質点の角加速度として，T と I を直近の枠で囲った式に代入すれば

$$T_\mathrm{b} = I_\mathrm{b}\alpha_\mathrm{b}$$

と

$$T_\mathrm{c} = I_\mathrm{c}\alpha_\mathrm{c}$$

より

第 10 章　序章のチャレンジ問題を解こう

$$\alpha_\mathrm{b} = \frac{T_\mathrm{b}}{I_\mathrm{b}}$$

と

$$\alpha_\mathrm{c} = \frac{T_\mathrm{c}}{I_\mathrm{c}}$$

を得ます．したがって，

$$\frac{\alpha_\mathrm{b}}{\alpha_\mathrm{c}} = \frac{\frac{T_\mathrm{b}}{I_\mathrm{b}}}{\frac{T_\mathrm{c}}{I_\mathrm{c}}} = \left(\frac{T_\mathrm{b}}{T_\mathrm{c}}\right)\left(\frac{I_\mathrm{c}}{I_\mathrm{b}}\right) = \left(\frac{1}{2}\right)(4) = 2$$

です．つまり，bの質点はcの質点よりも2倍の大きさの角加速度をもっています．このように，bはcよりも速い角速度（の大きさ）になるので，私たちのシンプルな煙突モデルでは図P.3 (a) のように屈曲するのです．崩壊する煙突の写真は，この屈曲の仕方が正しいことを教えています[1]．

最後に，「シンプルな物理学」が役立つ最も印象的な例を話してから，本章を終えましょう．第1章の例題6で，**アポロ11号**の宇宙飛行士が月面に設置したコーナーキューブ反射器を利用してレーザーパルス測定を行った話をしましたが，その測定から，地球と月の距離が半年に約1インチ（約2.54 cm）の割合で増加していることがわかりました．ここで，物理学の基本的法則の1つである角運動量の保存則を使って，この後退率の**計算方法**を説明したいと思います．

まず，宇宙空間には地球と月（地球－月の系）だけがあるとして，遠くの星々は単なる背景と考えます．月は自転している地球の周りを回っています．地球は遠方の星々に対して空間に静止しています．もちろん，これは実際の状況ではありませんが，物理の正しさを保持して解析するのには十分な簡素化です．地球は自転しているので，本章の初めに説明したように，スピン角運動量 $I\Omega$ をもっています．そして，月は地球の周りを回っているので，軌道角運動量をもっています．

第6章で，地球の回転率は潮汐摩擦のために遅くなっていることを説明しましたが，これは地球のスピン角運動量が減少していることを意味します．角運動量は保存するので，地球－月の系のどこかで角運動量は増加しなければなりません．「どこか」とはどこなのか？　それは月です．つまり，

海洋潮汐は地球から月へスピン角運動量の移動を生じているのです．特に，月の**軌道**角運動量に移動します．月のスピン角運動量も増加すると思うかもしれませんが，それは観測されていません．そのため，地球の減少するスピン角運動量の受取先は月の軌道角運動量だけだと仮定すると，どのようなことが導きだされるのかをこれから説明します[2]．

まず，月の軌道角運動量について調べましょう．月を質点 m と考えて，地球の周りを半径 r の円軌道上を速さ v で回っていると想像すると，月の角速度は ω ラジアン/秒なので

$$v = \omega r$$

より

$$\omega = \frac{v}{r}$$

です．月は地球の周りを回るので，月の慣性モーメントは

$$I = mr^2$$

です．月の軌道角運動量 $L_\text{月}$ は $I\omega$ なので，$L_\text{月}$ は次のように書けます．

$$L_\text{月} = I\omega = mr^2 \left(\frac{v}{r}\right) = mrv$$

角運動量の単位は $\frac{\text{kg} \cdot \text{m}^2}{\text{s}}$ です．**線**運動量（mv）と**角**運動量（mrv）が異なる単位をもっていることに（もし気づいていなければ）注意してください．この結果は，あまり驚くものではありません．というのは，**軌道**の速さ（v）と**角**速度（ω）の単位が異なるという，似た状況をすでに知っているからです．

さて，月の後退率を計算する準備が整いました．M を地球の質量とします．地球による月の重力は

$$F = \frac{GMm}{r^2}$$

なので，月の重力加速度をその遠心加速度と等しく置くと次式を得ます．

$$\frac{F}{m} = \frac{GM}{r^2} = \frac{v^2}{r}$$

その結果,
$$v = \sqrt{\frac{GM}{r}}$$
となります.これは月の軌道角運動量が
$$L_月 = mr\sqrt{\frac{GM}{r}} = m\sqrt{GM}\sqrt{r}$$
であることを意味します.ここで,rに関する微分をとれば
$$\frac{dL_月}{dr} = m\sqrt{GM}\frac{1}{2}\frac{1}{\sqrt{r}}$$
となるので,微分をデルタ（有限の大きさの変化）で近似すれば
$$\boxed{\Delta r \approx \frac{2}{m}\sqrt{\frac{r}{GM}}\Delta L_月}$$
となります.すなわち,月の軌道角運動量の正の変化 $\Delta L_月$ が,月の軌道半径の正の変化 Δr と結びつきます.

この解析の中心的仮定は,変化量 $\Delta L_月$ の大きさが地球のスピン角運動量の変化量 $\Delta L_{地球}$ の大きさに等しいということです.第 6 章で見たように,地球の半径を R とすれば,地球の慣性モーメントは $0.3444MR^2$ なので,地球のスピン角運動量は
$$L_{地球} = 0.3444MR^2\Omega$$
です.ただし,Ω は地球の角速度です.さて,T が 1 日の長さ（86,400 秒）ならば
$$\Omega = \frac{2\pi}{T} \text{ ラジアン/秒}$$
です.ここで
$$\Delta L_{地球} = 0.3444MR^2\Delta\Omega$$
と,次の微分
$$\frac{d\Omega}{dT} = -\frac{2\pi}{T^2}$$

が（有限の大きさの変化に対して）

$$\Delta\Omega = -\frac{2\pi}{T^2}\Delta T$$

と書けるから

$$\Delta L_{地球} = -0.3444MR^2\frac{2\pi}{T^2}\Delta T$$

という結果を得ます．

　この最後の式において，ΔT は時間 T での地球自転率の変化に関連した1日の長さの変化です．第6章で T は100年間で0.002秒変化することを示しましたが，それは次の**日変化**になります．

$$\Delta T = \frac{2\times 10^{-3}\,秒}{(100\,年)\left(365\frac{日}{年}\right)} = \frac{2\times 10^{-5}}{365}\frac{秒}{日}$$

したがって，地球のスピン角運動量の**日変化**は

$$\Delta L_{地球} = -\frac{0.6888MR^2\pi}{(86{,}400\,秒)^2}\left(\frac{2\times 10^{-5}}{365}\frac{秒}{日}\right)$$

です．これに365日を掛けると，次式のような $\Delta L_{地球}$ の**年変化**になります．

$$\boxed{\Delta L_{地球} = -\frac{0.6888MR^2\pi}{86{,}400^2}2\times 10^{-5}\frac{1}{秒}}$$

　この $\Delta L_月 = |\Delta L_{地球}|$ を枠で囲った Δr の式に代入すれば，月の軌道半径の**年変化**は

$$\Delta r = \frac{2}{m}\sqrt{\frac{r}{GM}}\frac{0.6888MR^2\pi}{86{,}400^2}2\times 10^{-5}\frac{1}{秒}$$

つまり

$$\boxed{\Delta r = \frac{4\pi(0.6888)R^2}{86{,}400^2 m}\sqrt{\frac{Mr}{G}}\times 10^{-5}\frac{1}{秒}}$$

です．

　この Δr の式を評価すれば，メートル単位の結果が得られます．このことをチェックするために，具体的にすべての量に単位をつけたまま代入してみ

ましょう．

$m = $ 月の質量 $= 7.35 \times 10^{22}\,\text{kg}$

$M = $ 地球の質量 $= 5.98 \times 10^{24}\,\text{kg}$

$r = $ 月軌道の半径 $= 239{,}000\,\text{mi} = 3.84 \times 10^8\,\text{m}$

$G = $ 万有引力定数 $= 6.67 \times 10^{-11}\,\frac{\text{m}^3}{\text{kg}\cdot\text{s}^2}$

$R = $ 地球の半径 $= 6.37 \times 10^6\,\text{m}$

結果は以下の通りです．

$$\Delta r = \frac{4\pi(0.6888)(6.37 \times 10^6\,\text{m})^2}{(8.64 \times 10^4)^2(7.35 \times 10^{22}\,\text{kg})}$$

$$\times \sqrt{\frac{(5.98 \times 10^{24}\,\text{kg})(3.84 \times 10^8\,\text{m})}{6.67 \times 10^{-11}\,\frac{\text{me}^2}{\text{kg}\cdot\text{s}^2}}} \times 10^{-5}\,\frac{1}{\text{s}}$$

$$= 0.64 \times 10^{-18}\,\frac{\text{m}^2}{\text{kg}}$$

$$\times \sqrt{3.44 \times 10^{43}\,\frac{\text{kg}^2\cdot\text{s}^2}{\text{m}^2}} \times 10^{-5}\,\frac{1}{\text{s}}$$

$$= 0.64 \times 10^{-23}\,\frac{\text{m}^2}{\text{kg}\cdot\text{s}} \times \sqrt{34.4 \times 10^{42}\,\frac{\text{kg}^2\cdot\text{s}^2}{\text{m}^2}}$$

$$= 3.75 \times 10^{-23}\,\text{m} \times 10^{21}$$

$$= 3.75 \times 10^{-2}\,\text{m} = 3.75\,\text{cm}$$

思い出してください．これは**年変化**です．1 インチは 2.54 cm です．したがって，1.48 インチ/年（約 3.76 cm/年）の減速率を得たことになりますが，この理論値は測定値と**非常によく**一致しています．

注 釈

1) Francis B. Bundy: "Stresses in Freely Falling Chimneys and Columns", *Journal of Applied Physics*, February 1940, pp.112-123（特に p.121）を参照．
2) 地球と月の間の関係は極めて複雑で，「シンプル」という言葉で表せるものではありません．この件に関する古いけれども，まだ非常に有益な入門書は Gordon J. F. MacDonald: "Earth and Moon: Past and Future", *Science*, August 28, 1964, pp.881-890 です．MacDonald は後退率が過去 10 億年以上にわたって，ほとんど一定であることを観測しています．そのため，10 億年前の月は約 15 億インチ（23,600 マイル（約 38,000 km））ほど，今日よりも地球に近かったことになります．

第 11 章

本の積み重ねとドミノ倒し

The Physics of Stacking Books

> 守銭奴たちは皆，ペニーを少しずつずらしながら積み重ねられることを知っている．一番上のペニーは，水平方向にどれくらいの距離だけずらせるだろうか？
> ——P.B. ジョンソン[1]

　上記の碑文には，それを初めて見た人すべてを驚かす問題が書かれています．このペニーの問題に対して，ジョンソンは式を導き，それを巧妙に解きました．ここでは，「シンプルな物理学」だけを使ってこの問題を解いてみましょう．ここで重要な役割を果たすのが，物体の**質量中心**という概念です．質量中心とは，物体の全質量が**質点**として一点に集中している想像上の点のことで，対称性を使うと簡単に求まることがよくあります．例えば，一様な密度の剛体球の質量中心はその球の幾何学的な中心です．同様に，一様な密度の円環の質量中心は円環の中心です（しかし，この場合の全質量は質量中心に存在していない）．もし物体が非常に複雑で対称性の議論も使えなければ，質量中心を計算で求めなければなりません．最も簡単な場合は，N 個の質点 $(m_i, 1 \leq i \leq N)$ が (x_i, y_i, z_i) にあるときです．この場合，質量中心の x 座標は次式で与えられます．

$$X_\mathrm{C} = \frac{\sum_{i=1}^{N} m_i x_i}{\sum_{i=1}^{N} m_i}$$

Y_C と Z_C も同様な式で与えられます．

　対称性がないように**見えて**も，実はそうではないこともあります．その一

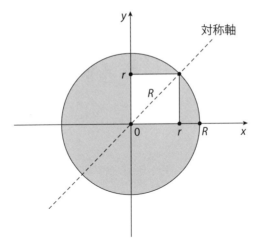

図 11.1 正方形を取り除いた円板

例が **図 11.1** に示されています（この例は短期間で試験問題が必要となる，1 年生を教える物理教師のお好みの 1 つ）．図形は，一様な厚さと密度をもった円板の右上の四分円（第一象限）から，最大の正方形を切り取ったものです．円板がまだ無傷であったならば，対称性から質量中心は原点にあるはずです．しかし，正方形を取り除いたので，そうではありません．そこで問題です．

カットされた円板の質量中心はどこにあるか？

この問題の答えを (X, Y) とします．さて，カットされたといっても，$Y = X$ だから，まだ対称性は残っています（つまり，図 11.1 の「対称軸」が教えているように，x 方向と y 方向を区別するものはない）．これは役立つ情報ですが，X の値はまだわかりません．

カットした四角形の質量中心は，対称性から四角形の中心にあります．簡単な幾何学（ピタゴラスの定理）から，円板の半径が R ならば四角形の稜線は $r = \frac{R}{\sqrt{2}}$ だから，カットした四角形の中心は $\left(\frac{R}{2\sqrt{2}}, \frac{R}{2\sqrt{2}}\right)$ です．ここに，重要な鍵があります．仮に，カットした四角形を円板に戻せば，**完全な円板が復元する**ことになります．そこで，m_1 をカットした円板の質量，m_2 を四角形の質量とすれば，2 つの質量を結合した物体の質量中心の式は

$$0 = \frac{m_1 X + m_2 \frac{R}{2\sqrt{2}}}{m_1 + m_2}$$

となります．左辺のゼロは，対称性で議論したように，復元した完全な円板の質量中心の x 座標だからです．したがって，

$$X = -\frac{m_2}{m_1}\left(\frac{R}{2\sqrt{2}}\right)$$

です．あるいは，円板と四角形は一様な厚さと密度をもっているので，これら 2 つの物体の質量はそれらの表面積（A_1 と A_2）に比例します．その結果，

$$X = -\frac{A_2}{A_1}\left(\frac{R}{2\sqrt{2}}\right)$$

と書けます．幾何学から

$$A_1 = \pi R^2 - A_2$$

と

$$A_2 = \frac{R^2}{2}$$

の関係を使うと，X は次のようになります．

$$X = -\frac{\frac{R^2}{2}}{\pi R^2 - \frac{R^2}{2}}\left(\frac{R}{2\sqrt{2}}\right) = -\frac{R}{(2\pi - 1)2\sqrt{2}} = -0.06692R(= Y)$$

とても，うまいでしょう？ さて，質量中心の公式がどのように役立つかわかったので，本章のペニーの問題に移りましょう．

ジョンソンのペニーの代わりに（ちょっと見ればわかるが），**図 11.2** に示すようにテーブルの上に置いた本を想像してください．本の長さは 1 で，質量も 1 とします．そして，テーブルの右端に本の右端を合わせます．本の左端は $x = 0$ で，本の右端（とテーブルの端）は $x = 1$ です．本の質量中心は $x = \frac{1}{2}$ です．そのため本がテーブルから落ちないように，本を距離 $\frac{1}{2}$ だけ前方（右の方向）にずらせます．このように本はテーブルの端から $\frac{1}{2}$ だけ突き出すことができます．この突き出された部分の長さを**オーバーハング**とよび S で表します．したがって，本が 1 冊の場合，$S(1) = \frac{1}{2} = \frac{1}{2}(1)$

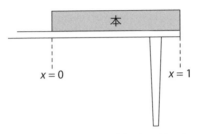

図 11.2 テーブル上に置いた 1 冊の本

です．

次に，テーブル上にきちんと積み重ねた 2 冊の本を想像しましょう．最初の解析からわかるように，上側の本は下側の本から落ちないように距離 $\frac{1}{2}$ だけ前方にずらせます．いま上側の本の質量中心は $x = 1$ にあります．2 冊の本を合わせた質量中心は

$$x = \frac{1\left(\frac{1}{2}\right) + 1(1)}{2} = \frac{3}{4}$$

です．したがって，2 冊の合体した本をテーブルの端までずらしてもギリギリ落ちない距離は $\frac{1}{4}$ となります．そのため，上側の本のオーバーハングは

$$S(2) = \frac{1}{4} + \frac{1}{2} = \frac{1}{2}\left(1 + \frac{1}{2}\right)$$

となります．

これをもう一回やりましょう．3 冊の本をきちんとテーブルに置きます．これまでの結果から，一番上にある本をその下の本から落ちないようにギリギリ $\frac{1}{2}$ だけずらすことができます．そして，上の 2 冊の本を一緒にして一番下の本から落ちないようにギリギリ $\frac{1}{4}$ だけずらすことができます．いま，上側の 2 冊の本の質量中心は $x = 1$ です．したがって，合体させた 3 冊の本の質量中心は

$$x = \frac{1\left(\frac{1}{2}\right) + 2(1)}{3} = \frac{5}{6}$$

となります．そして，合体した 3 冊がテーブルから落ちないようにテーブルの端から $\frac{1}{6}$ だけ外側にずらせます．したがって，最上段の本のオーバーハングは

$$S(3) = \frac{1}{6} + \frac{1}{4} + \frac{1}{2} = \frac{1}{2}\left(1 + \frac{1}{2} + \frac{1}{3}\right)$$

です．

そろそろ気づいたと思いますが，このまま本を積み重ねていけば，一般に，オーバーハングは

$$S(n) = \frac{1}{2}\sum_{k=1}^{n}\frac{1}{k}$$

です．これは，帰納法で証明できます．つまり，$n-1$ 冊の本に対して

$$S(n-1) = \frac{1}{2}\sum_{k=1}^{n-1}\frac{1}{k}$$

が成り立つと**仮定**し，この式が

$$S(n) = \frac{1}{2}\sum_{k=1}^{n}\frac{1}{k}$$

を意味していることを示すのです．仮定した $S(n)$ の式が $n=3$ の場合に成り立つことをすでに**直接的な計算**で示しているので，それは $n=4$ に対しても成り立つ（ということは，$n=5$ などに対しても成り立つ）ことを意味するでしょう．また，この式が $n=1$ と $n=2$ でも当然成り立つことを直接的な計算で確かめています．

そのため，一番下（最下段）の本（とその上に重なっている他のすべての本）の最終調整の前に，上位の $n-1$ 冊の本は最下段の本から落ちないギリギリのところで，$x=1$ にそれらの質量中心をもっています．一番上（最上段）の本は $S(n-1)$ のオーバーハングをもっています．このため n 冊の本全体の質量中心は

$$x = \frac{1\left(\frac{1}{2}\right) + (n-1)(1)}{n} = \frac{1}{2n} + \frac{n-1}{n} = \frac{1 + 2(n-1)}{2n} = \frac{2n-1}{2n} = 1 - \frac{1}{2n}$$

です．

したがって，n 冊の本全体がテーブルから落ちないように，テーブルの端に n 冊の本全体を距離 $\frac{1}{2n}$ だけずらすことができるので，推察通り

$$S(n) = S(n-1) + \frac{1}{2n} = \frac{1}{2}\sum_{k=1}^{n-1}\frac{1}{k} + \frac{1}{2n} = \frac{1}{2}\sum_{k=1}^{n}\frac{1}{k}$$

となります．これで帰納法による証明ができました．

さて，ここで「驚き」があります．

$S(n)$ はどれくらいの大きさになるのだろうか？

答えは，好きなだけ大きくなる！　その理由は，$S(n)$ が $n \to \infty$ で発散する調和級数を途中で打ち切った式だからです[2]．ロシア生まれの物理学者ガモフ（George Gamow（1904-1968 年））がこの問題を論じた本で述べているように[3]，「無限に本を積み重ねていけば...テーブルの端を越えてどこまでも好きなだけ一番上の本を突き出すことができる」．しかし，彼の次の言葉は大きく外れたものでした．「追加する本の S に対する寄与は急速に減少するため，3，4 冊の長さに等しいくらいオーバーハングさせるには米国議会図書館の全蔵書を必要とするだろう！」．これは，誤りです．

特定の n の値に対して，$S(n)$ をコンピュータで計算するのは簡単です．やってみれば，$n = 227$ のとき $S(n)$ は 3 を越え，$n = 1,674$ のとき $S(n)$ は 4 を越えることがわかります．どちらの n の値も図書館の蔵書数には及びません．しかし，$S(n)$ がもっと大きな数になると話は全く変わります．オーバーハング $S(n)$ が 50 を越えるのは $S(n)$ が 1.5×10^{43} 辺りです．これは議会図書館の全蔵書数よりも大きくなります！[4]

米国の物理学専門誌（AJP）に掲載されたジョンソンのペニーの積み重ね問題（the penny-stacking problem）に関する注釈 1 には，この問題を以前に自分で解いたというオハイオ大学の物理学者から次のような返答をもらったことが書かれています．「オーバーハングの結果を "体力を使って (physically)" 解くために[†]，ある夕方，研究室の大学院生と一緒に製本された *The Physical Review* をかなりはみ出すように積み重ねた．そして，そのままにして帰ったら，その翌朝これを見つけた物理の図書館員が仰天してし

[†] （訳注）「物理学」を physics，「物理的に」を physically といいますが，physically には「肉体的に」や「体力的に」という意味もあります．ここでは，physically を物理と体力にかけています．

図 11.3　ドミノ連鎖反応

まった」[5]．一体誰が，物理学者はたいてい恥ずかしがり屋で，静かで，退屈なやつばかりだと言ったのでしょう．私の本で，そしてアイスナーの手紙が示すように，一部の学者は本当にクレージーでワイルドな連中なのです！

　質量中心の一般的な話題を離れる前に，ペニーや本の積み重ねよりももう少し真面目な応用を話してから，本章を終えたいと思います．それは，原子核の連鎖反応によるエネルギーの指数的（実際には**爆発的な**）増加を示すドラマティックな実例です．原子爆弾で起こるように，原子核を連続的に分裂させる中性子をモデル化するために，ドミノ倒しを使います．少しずつサイズが大きくなるようにドミノを並べて，小さいほうのドミノから順に倒していきます[6]（**図11.3**の同じサイズのドミノ倒しと，ここで考える状況とは似ていないが）．初めのドミノを倒すのに必要な入力エネルギーは非常に小さくても，最後に倒れるドミノが出力するエネルギーは入力エネルギーの**数十億倍**になります（このことを今から証明する）．ユーチューブでこのようなドミノ連鎖反応のビデオを観ることができますが，それらは単なる娯楽でしかありません．ここでは，「シンプルな物理学」を使って，このエネ

ギーを**計算する**方法を説明します．

注釈6には，13個のドミノ連鎖反応が記述されています．ドミノはすべてアクリル樹脂で作られています．最小サイズのもの（ドミノ #1）は

厚さ $(w) = 1.19 \times 10^{-3}$ m

幅 $(l) = 4.76 \times 10^{-3}$ m

高さ $(h) = 9.53 \times 10^{-3}$ m

であり，最大サイズのもの（ドミノ #13）は

厚さ $(w) = 76.2 \times 10^{-3}$ m

幅 $(l) = 305 \times 10^{-3}$ m

高さ $(h) = 610 \times 10^{-3}$ m

となります．

最小サイズのドミノから始めて，チェインの各部分のドミノは直前のドミノよりもそれぞれのサイズが 1.5 倍程度の大きさです．注釈6には，ドミノ #1 を倒すのに必要なエネルギーは 0.024×10^{-6} ジュールであり（第3章の注釈3を再度参照），ドミノ #13 の転倒によって放出されるエネルギーは約 51 ジュールで，およそ20億倍のエネルギー増幅率であること，そして「これらのエネルギーを計算するのは簡単だ」と注釈6の著者は言っています．しかし，その方法は示されてないので，それをここでやりましょう．

図11.4 はドミノの断面を示しています．ドミノの正面は y 軸にあり，正

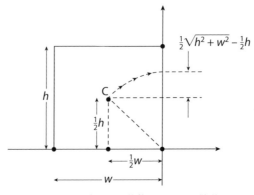

図11.4 直立した状態のドミノの説明

面の下端は原点にあります（幅 l は紙面に垂直）．ドミノの質量中心 C は対称性から l, h, w それぞれの中点が交差する点にあります．いま，力がドミノの左側の面に加えられたと想像してください．ドミノは正面下端の周りを時計回りに回転し始めると，ドミノの質量中心は正面下端から真上の位置に到達します．さらにドミノが回転すれば，C は正面下端の真上の位置を越えるので，ドミノは転倒します．

C が正面下端の真上の位置にあるとき，C は

$$\sqrt{\left(\frac{h}{2}\right)^2 + \left(\frac{w}{2}\right)^2} - \frac{h}{2} = \frac{h}{2}\sqrt{1 + \left(\frac{w}{h}\right)^2} - \frac{h}{2} = \frac{h}{2}\left[\sqrt{1 + \left(\frac{w}{h}\right)^2} - 1\right]$$

の距離だけ上昇するので，ドミノのポテンシャルエネルギーは

$$\Delta E = mg\Delta y = mg\frac{h}{2}\left[\sqrt{1 + \left(\frac{w}{h}\right)^2} - 1\right]$$

だけ増加します．ここで m はドミノの質量，ΔE はドミノを転倒させるのに必要な入力エネルギーです．質量は

$$m = \rho w l h$$

で，ρ はアクリル板の密度です．インターネットで調べると，ρ の値は 1.15 g/cm^3 と 1.2 g/cm^3 の間にあるので，平均の 1.18 g/cm^3 = $1.18 \times 10^3 \frac{\text{kg}}{\text{m}^3}$ を使うと，ドミノ#1 の質量は

$$m = 1.19 \times 4.76 \times 9.53 \times 10^{-9}\,\text{m}^3 \times 1.18 \times 10^3\frac{\text{kg}}{\text{m}^3}$$
$$= 63.7 \times 10^{-6}\,\text{kg}$$

となります．したがって，ΔE は

$$\Delta E = \frac{1}{2} \times 63.7 \times 10^{-6}\,\text{kg} \times 9.8\frac{\text{m}}{\text{s}^2}$$
$$\times 9.53 \times 10^{-3}\,\text{m}\left[\sqrt{1 + \left(\frac{1.19 \times 10^{-3}}{9.53 \times 10^{-3}}\right)^2} - 1\right]$$
$$= 2{,}975 \times 10^{-9}\frac{\text{kg} \cdot \text{m}^2}{\text{s}^2}(0.00777)$$

$$= 23 \times 10^{-9} \text{ ジュール}$$
$$= 0.023 \times 10^{-6} \text{ ジュール}$$

です．これは，注釈6の著者の計算値に非常に近い値です（この非常に小さいエネルギー入力は，［ドミノを］細くて長い棒で軽く押すだけで供給できると，彼は示唆している）．

最後に，最大サイズのドミノの転倒によって放出されるエネルギーを計算するために，最初のエネルギーから始めて，質量中心をドミノ下端の真上の位置まで上げるのに必要なエネルギーを加えます．そして，ドミノが転倒した後にドミノの保有するポテンシャルエネルギーを引けば，この値がドミノによって放出されるエネルギーになります．ドミノ#13が直立しているとき，質量中心の高さは 305×10^{-3} m です．これがドミノ#12によって倒されると，ドミノ#13の質量中心は次の高さだけ上昇します．

$$\frac{1}{2}\sqrt{(610)^2 + (76.2)^2} \times 10^{-3} \text{ m} = 307.4 \times 10^{-3} \text{ m}$$

ドミノ#13が転倒したとき，もとの w は新しい h になるので，質量中心の高さは 38.1×10^{-3} m です．したがって，ドミノのポテンシャルエネルギーの変化（減少）は

$$mg\Delta y = \rho w l h g \Delta y$$
$$= 1.18 \times 10^3 \frac{\text{kg}}{\text{m}^3} \times 9.8 \frac{\text{m}}{\text{s}^2}$$
$$\times 305 \times 76.2 \times 610 \times 10^{-9} \text{ m}^3$$
$$\times (307.4 - 38.1) \times 10^{-3} \text{ m} = 44 \text{ ジュール}$$

となります．この結果は，51ジュールに「近い値」ですが，私の懸念を払うには不十分な値です．私は，注釈6の著者は単純に大まかな計算をして，転倒した質量中心の高さが実際にはゼロではないという事実を無視していると思います．つまり，彼は $mg\Delta y$ の計算をするときに，Δy に対して 307.4×10^{-3} m を使ったので，ポテンシャルエネルギーは50.4ジュールに減少したのです．

13個のドミノ転倒によるエネルギーの増幅率は，ここでの計算によれば

$$\frac{44}{0.023 \times 10^{-6}} = 1.9 \times 10^9 = 19 \text{億}$$

という，驚くべき値です．

注 釈

1) これらは Paul B. Johnson のうまいタイトルのノート "Leaning Tower of Lire"，*American Journal of Physics*, April 1955, p.240 の冒頭文言で，イタリア人の貨幣（リラ）とこの国の有名なピサの斜塔を同時に暗に指しています．

2) 簡単なデモをします．

$$\lim_{n \to \infty} S(n) = 1 + \frac{1}{2} + \frac{1}{3} + \frac{1}{4} + \frac{1}{5} + \frac{1}{6} + \frac{1}{7} + \frac{1}{8} + \ldots$$
$$> 1 + \frac{1}{2} + \left(\frac{1}{4} + \frac{1}{4}\right) + \left(\frac{1}{8} + \frac{1}{8} + \frac{1}{8} + \frac{1}{8}\right) + \ldots$$
$$> 1 + \frac{1}{2} + \frac{1}{2} + \frac{1}{2} + \ldots$$

ここで，新しい部分列を元の系列の長さ 2^k（$k \geq 1$）で，$\frac{1}{2}$ に合計した，より小さな部分列で連続的に置き換えています．そのため，和の**下限**は無限になるので $\lim_{n \to \infty} S(n) = \infty$ となります．

3) George Gamow: "*Matter, Earth, and Sky* (2nd ed.)", Prentice-Hall, 1965, p.20. 実際には，ガモフは $S(n)$ を導かず，簡単にそのことをほのめかしているだけです．

4) この巨大な数値（これは 10^{22} 個と推定される宇宙の星の数よりも**はるかに大きな値**）は，明らかに調和級数のコンピュータによる総和をとり続けても簡単には見いだせません．計算方法の説明は，R. P. Boas, Jr. and J. W. Wrench, Jr.: "Partial Sums of the Harmonic Series", *American Mathematical Monthly*, October 1971, pp.864-870 を参照．この中に，$S(n)$ が初めて 50 を越える場合の n の正確な値が与えられています．$n = 15092688622113788323693563264538101449859498$ です．あなたはこのやり方を知っていますか？ 私は知りません！

5) Leonard Eisner: "Leaning Tower of *the Physical Reviews*", *American Journal of Physics*, February 1959, pp.121-122.

6) ドミノに関するこの議論は次の短いノートからヒントを得ました．Lorne A. Whitehead: "Domino 'chain reaction'", *American Journal of Physics*, February 1983, p.182.

第 12 章

通信衛星
Communication Satellite Physics

> 私は非科学的な聴衆に,宇宙について話すことが好きです.まず第一に,彼らはあなたの言っていることを正しいかどうかチェックできません.第二に,彼らはとにかくあなたの言っていることを全く理解できません.そのため,あなたがなすべきことは,遠心力と重力を等しく置いて,衛星の速度を解くことだというだけです.
>
> —— ドゥ・ブリッジ
> (カリフォルニア工科大学長,
> 1960 年の米国物理学会春季大会の夕食会でのスピーチ)

　頭上数百マイル,あるいは数千マイルのところを,ヤマアラシのようにアンテナをいっぱい付けて,電子機器がぎっしり詰め込まれている金属製のボールが毎秒数マイルの速さで地球を回っていることを考えるなんて滅多にありません.それでも,電話をかけたり,ヨーロッパや中東からの生のテレビニュースを見たり,あるいはインターネットで何かをグーグル検索するたびに,通信衛星はほぼ確実にどこかで関係しています.本章では,このような驚くべき現代科学の創造物,数十年前だったら「クレージー SF(空想科学小説)」だった人工衛星に関する 3 つの計算を「シンプルな物理学」で示しながら,ドゥ・ブリッジが語っていたことを説明しましょう.

　最初の計算は,ソビエト連邦が世界初の衛星(**スプートニク 1 号**)を,いわゆる**地球の低軌道**に打ち上げた 1957 年にさかのぼります.スプートニク 1 号は 132 マイル(約 210 km)から 582 マイル(約 940 km)まで変動す

る高度で地球の上空を 96.2 分で完全に 1 周しました（これを衛星の**周期**という）．この値はニュートンの重力の逆 2 乗則の帰結です．この周期をこれから導きましょう．

軌道は楕円で円ではありませんが，ここでは円として扱います．この近似は次のように正当化できます．地球の半径は 6,380 キロメートル，すなわち 3,965 マイルなので，地球の中心からスプートニクの距離は 4,097 マイルから 4,547 マイルまで変わります．つまり，距離は 4,322 ± 225 マイル，あるいは 4,322 ± 5% マイル（6,954 ± 5% キロメートル）です．そこで，荒っぽい第 1 近似として 5% の変動を無視すれば，軌道は半径 $R_\text{s} = 6.954 \times 10^6$ メートルの円として扱えます．

いま**スプートニク 1 号**の質量を m，地球の質量を M とし，ドゥ・ブリッジに従って**スプートニク**の重力加速度を遠心加速度に等しいと置くと

$$\frac{\frac{GMm}{R_\text{s}^2}}{m} = \frac{v^2}{R_\text{s}}$$

という式が求まります．ここで，G は第 5 章で登場した万有引力定数で，v が**スプートニク**の軌道の速さです．上の式から v は

$$v = \sqrt{\frac{GM}{R_\text{s}}}$$

と書けるので，周期は

$$T = \frac{2\pi R_\text{s}}{v} = 2\pi R_\text{s} \sqrt{\frac{R_\text{s}}{GM}}$$

です．ここで $G = 6.67 \times 10^{-11} \frac{\text{m}^3}{\text{kg}\cdot\text{s}^2}$ と $M = 5.98 \times 10^{24}$ kg を代入すると

$$T = 2\pi (6.954 \times 10^6 \,\text{m})$$

$$\times \sqrt{\frac{6.954 \times 10^6 \,\text{m}}{\left(6.67 \times 10^{-11} \frac{\text{m}^3}{\text{kg}\cdot\text{s}^2}\right)(5.98 \times 10^{24} \,\text{kg})}}$$

$$= 43.693 \times 10^6 \sqrt{0.174 \times 10^{-7}} \,\text{s}$$

$$= 43.693 \times 10^6 \sqrt{174 \times 10^{-10}} \,\text{s}$$

$$= 576 \times 10^6 \times 10^{-5} \,\text{s} = 5,760 \,\text{s}$$

$$= 96 \,\text{分}$$

となります．この値は実際に**スプートニク1号**で測定された周期と非常によく一致しています．

地球の低軌道は，通信衛星にはよい軌道ではありません．例えば，スプートニク1号は周期的に地平線から地平線まで頭上をビューッと飛んでいるとき，長い時間，軌道の下の地上のどこからも見えませんでした．そのため，視線が遮られるたびに，衛星が再び頭上を通るまで，衛星と通信する方法はありませんでした．そこで，もっとうまい方法は，衛星を上空に**浮かせたまま**，頭上に固定しておくことです．衛星を高く上げれば，その軌道を地球の自転に合わせること（**同期させること**）ができるので，これは可能です．そのような衛星は**静止軌道**上にあるといいます．この軌道の高さはどれくらいでしょうか？

その問題に答えるために，衛星の周期を表す式に戻ります．周期 T と軌道半径 R_s の間には

$$T^2 = 4\pi^2 R_s^2 \frac{R_s}{GM} = 4\pi^2 \frac{R_s^3}{GM}$$

が成り立つので，この式から

$$R_s = \left(\frac{T^2 GM}{4\pi^2}\right)^{1/3}$$

を得ます．軌道上での静止衛星の周期は1日（これは定義！）なので，$T = 86{,}400$ 秒と置けば

$$R_s = \left[\frac{\left[(86{,}400^2 \text{ s}^2)\left(6.67\times 10^{-11}\frac{\text{m}^3}{\text{kg}\cdot\text{s}^2}\right)\times (5.98\times 10^{24}\text{ kg})\right]}{4\pi^2}\right]^{1/3}$$

$$= \left[\frac{(8.64\times 10^4)^2 (6.67\times 10^{-11})(5.98\times 10^{24})}{4\pi^2}\right]^{1/3} \text{ m}$$

$$= (75.42)^{1/3} \times 10^7 \text{ m} = 4.225 \times 10^7 \text{ m} = 42{,}250{,}000 \text{ m}$$

$$= 26{,}258 \text{ マイル}$$

です．この R_s は**地球の中心**からの距離だから，**地表**から測った静止衛星の**高度**は次のようになります．

$$(26{,}258 - 3{,}965) \text{マイル} = 22{,}293 \text{マイル} \quad (\text{約 } 36{,}000\,\text{km})$$

ところで，この R_s の値を計算する，別の上手い方法があります．最初に，軌道上の静止衛星を想像し，それからこの衛星だけが地球の衛星ではないと考えるのです．つまり，月も地球の衛星です．次に，第 5 章で使ったケプラーの第 3 法則を思い出してください．この法則は，さまざまな高度にある衛星をもつ重い物体（第 5 章では太陽でしたが，ここでは地球）について述べられたもので，それぞれの衛星の軌道周期の 2 乗は，重い物体の中心から衛星までの平均距離の 3 乗に比例するというものです．

月は地球（の中心）から 239,000 マイル（約 380,000 km）の距離にあり，実測の軌道周期は 27.3 日です．一方，静止衛星は周期 1 日で地球の中心から h の距離にあるとすると，ケプラーの第 3 法則から

$$\frac{(27.3)^2}{1^2} = \frac{(239{,}000)^3}{h^3} = 745.29$$

が成り立ちます．ただし，h はマイル単位です．したがって，**地球の中心からの距離 h は**

$$h = \left(\frac{239{,}000^3}{745.29}\right)^{1/3} = \frac{239{,}000}{9.066} \text{マイル} = 26{,}362 \text{マイル} \quad (\text{約 } 42{,}000\,\text{km})$$

です．これから，静止衛星の**地表からの高度**は

$$(26{,}362 - 3{,}963) \text{マイル} = 22{,}397 \text{マイル} \quad (\text{約 } 36{,}000\,\text{km})$$

となります．これは，先に計算した高度の値とよく合っています．

静止衛星はかなり高いところにいるので，大気の摩擦力は実質ゼロです．そして，軌道は安定しています．しかし，地球の低軌道ではそうはいきません．衛星は大気から非常に大きな摩擦力を受けます．例えば，**スプートニク 1 号**の軌道はわずか 3 ヶ月で不安定になり，地球に火球となって落下しました．このとき，ほとんどの人の直観に反する，摩擦力の驚くべき効果がありました．それは，衛星に作用する大気の**摩擦力**が衛星の速さを**増加させる**という事実です．ふつう，摩擦力は**抑制する力**か**減速させる力**と考えられますが，衛星に対してはそうではなかったのです．この意外な効果を**衛星パラド**

ックスといいます．

　この効果がどのように生じるかを説明しましょう．摩擦力を f_d とすると，面白いことに，この説明では f_d が**正の値**の関数（軌道の速さ，衛星の断面積，軌道高度での大気の密度などの関数）であるということ以外に，f_d の詳細を知る必要はないのです．

　まず衛星の全エネルギー，つまりポテンシャルエネルギー PE と運動エネルギー KE の和（PE＋KE）の計算から始めます．適切な座標を使って，地球の中心を $r=0$ とし，衛星は地球の中心から距離 $r=R_\mathrm{s}$ のところにあるとします．ポテンシャルエネルギーのゼロ点を無限遠にとり（これは宇宙物理を解析するときに使われる標準的なゼロのとり方），衛星にはたらく地球の重力を F と書くと，ポテンシャルエネルギー PE は

$$\mathrm{PE} = \int_\infty^{R_\mathrm{s}} F dr = \int_\infty^{R_\mathrm{s}} \frac{GMm}{r^2} dr$$

$$= GMm \times \int_\infty^{R_\mathrm{s}} \frac{dr}{r^2} = GMm \left(-\frac{1}{r}\right)\bigg|_\infty^{R_\mathrm{s}} = -\frac{GMm}{R_\mathrm{s}}$$

となります．一方，衛星の運動エネルギー KE は

$$\mathrm{KE} = \frac{1}{2} mv^2$$

で，v は軌道の速さです．前に示したように，

$$v = \sqrt{\frac{GM}{R_\mathrm{s}}}$$

なので

$$\boxed{v^2 = \frac{GM}{R_\mathrm{s}}}$$

です．したがって，

$$\mathrm{KE} = \frac{1}{2} \frac{GMm}{R_\mathrm{s}}$$

と書けるので，全エネルギー E は

$$E = -\frac{GMm}{R_\mathrm{s}} + \frac{1}{2} \frac{GMm}{R_\mathrm{s}} = -\frac{GMm}{2R_\mathrm{s}}$$

です．この式に上の枠で囲った式を使えば次のようになります．

$$\boxed{E = -\frac{1}{2}mv^2}$$

衛星は大気との摩擦力によってエネルギーをロスするので，衛星のエネルギーロスの割合（散逸する**パワー**）は vf_d で与えられます（第 3 章の注釈 2 を参照）．したがって，次式が成り立ちます．

$$\boxed{\frac{dE}{dt} = -vf_\mathrm{d}}$$

ここで，$vf_\mathrm{d} > 0$ なので，全エネルギー E が減少するように負符号を入れています．さて，枠で囲った全エネルギー E の式から

$$v^2 = -2\frac{E}{m}$$

となるので，この式を時間に関して微分すれば

$$2v\frac{dv}{dt} = -\frac{2}{m}\frac{dE}{dt}$$

となります．変形すれば

$$\frac{dv}{dt} = -\frac{1}{mv}\frac{dE}{dt}$$

です．この式の右辺を $\frac{dE}{dt}$ の式で書きかえると

$$\frac{dv}{dt} = -\frac{1}{mv}(-vf_\mathrm{d}) = \frac{f_\mathrm{d}}{m}$$

となるので，衛星の軌道の速さの変化率は摩擦力に比例することがわかります．ここで，f_d と m はともに正なので，$\frac{dv}{dt} > 0$ です．このため，摩擦力が衛星からエネルギーを**奪い続けても**，軌道の速さは**増加し続ける**ことになるのです．

第 13 章
ハシゴを立てる

Walking a Ladder Upright

> 彼は見た
> 地上と天国をつなぐ階段を
> 神の天使たちが行き来する夢を．
> ——創世記 28 章 12 節

　聖書では，ヤコブは天使が天国と地上を行き来できるような非常に長いハシゴを夢見るだけでした（では天使の翼は何だろう．これは物理学で答えられる問題ではない）．しかし実際には，はるかに短いハシゴを立てるのでも，次の解析が示すように，易しい作業ではありません．
　すべての自宅所有者がいつかは直面する問題として，飼い猫を救うために，あるいは煙突から鳥の死骸を除去するために，さらには雨どいを清掃するために，屋根に登るハシゴを立てるという状況が起こります．

　屋根のハシゴは細長くて扱いにくいもので，長さは 20〜30 フィート（約 6〜9 m）程度，重量は約 50 ポンド（約 23 kg）以上もある．まず，そのようなハシゴが初めに地面に横たわっていると想像してほしい．このとき，怪我をせず，周りのものにダメージを与えずに，このハシゴをうまく垂直に立てるにはどうすればよいだろうか？

　もし数学者のハーディー（序章の注釈 13 を参照）が，屋根に登るハシゴを立てる問題（このようなことは，ハーディーの世間離れした生活では**絶対に起きなかったと断言できる**）について考える理由をもっていたならば，彼

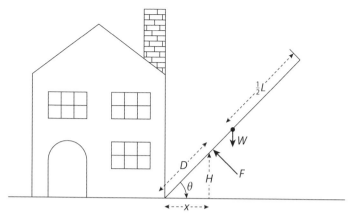

図 13.1 ハシゴを立てる方法の説明

は普通の人への物理の価値に関する中傷的な発言を考え直しただろうと，私は思います．

1つの方法（私自身は何度もやっている方法）は，まずハシゴを家のそばまで引きずってきて，家の壁の近くにハシゴの下端を壁に対して直角に置きます．そして，ハシゴのもう一端まで行き，そこを持って，家に近づくとともに「ハシゴを持ち上げながら歩く」のです．とても簡単でしょう？　でも，この見た目は安全そうな方法の中に，初めてやった人なら誰もが驚くことが隠れています．この驚きは，「シンプルな物理学」を使えばわかります[1]．**図 13.1** は地面と角 θ をなす長さ L のハシゴを示しています．ハシゴが地面に横たわっているときは $\theta = 0°$ で，垂直に立っているときは $\theta = 90°(\frac{\pi}{2}$ ラジアン$)$ です．ハシゴを持ち上げながら歩いてくる人は，ハシゴの端から距離 x のところにいて，地面から**一定の高さ** H（その人の肩の高さ）で，ハシゴを（ハシゴに垂直な）力 F で支えています．この力はハシゴの下端から（**ハシゴに沿って測った**）距離 D のところにはたらいています．

ゆっくりと x を減少させながら（H を一定に保ってハシゴの下側を歩きながら）ハシゴを立てようとしている人を想像すると，図 13.1 の状況は，「重量 W のハシゴの時計回りのモーメント」が「加えた力 F の反時計回りのモーメント」と厳密につり合った状態を表しています．ハシゴの重量 W がハシゴ全体に一様に分布しているとすれば，W はハシゴの中点 $\frac{1}{2}L$ で鉛直下向きにはたらいていることになります．このときハシゴに垂直な重量の

第 13 章 ハシゴを立てる

成分は $W\cos(\theta)$ なので，時計回りのトルクは $\frac{1}{2}WL\cos(\theta)$ です．反時計回りのトルクは FD なので（平衡状態に対して）

$$FD = \frac{1}{2}WL\cos(\theta)$$

より

$$F = \frac{WL\cos(\theta)}{2D}$$

となります．また

$$H = D\sin(\theta)$$

より，D は

$$D = \frac{H}{\sin(\theta)}$$

と書けるから，F は次式のようになります．

$$F = \frac{WL\sin(\theta)\cos(\theta)}{2H}$$

三角関数の公式

$$\sin(2\theta) = 2\sin(\theta)\cos(\theta)$$

を使うと，最終的に F は

$$F = \frac{WL\sin(2\theta)}{4H}.$$

となります．

　この最終結果には**たくさんの情報**が含まれています．**変数**は θ だけで W，L，H はすべて定数です．まず，2θ が $0°$ から $90°$ まで変化する間，$\sin(2\theta)$ は常に増加する関数なので，W，L，H の値によらず $\theta = 45°$ のとき F は最大になることがわかります．そのため最大の力は[2]

$$F_{最大} = \frac{WL}{4H}$$

です．例えば，ハシゴの長さが 30 フィート（約 9 m）で重量が 50 ポンド（約 23 kg）であれば，肩の高さ 5 フィート（約 1.5 m）の人が受ける力は，ハ

シゴが 45° 傾いているとき（つまり，人がハシゴの下端から距離 $x = H = 5$ フィートにいるとき）

$$\frac{(50)(30)}{4(5)} \text{ポンド} = 75 \text{ポンド（約 34 kg）}$$

です．この力がハシゴの重量よりも大きくなるのは，驚きです．前に述べたようなアマチュア無線家は，重量 120 ポンド（約 54 kg）で 60 フィート（約 18 m）あるアンテナを立てなければなりません．肩の高さが 5 フィートであれば，この人は（アンテナの傾きが $\theta = 45°$ で，その下端から 5 フィートの位置で）

$$\frac{(120)(60)}{4(5)} \text{ポンド} = 360 \text{ポンド（約 160 kg）}$$

の最大の力を出さねばなりません．この力はアンテナの重量の **3 倍**もあります．

もう 1 つの面白い演習問題は F を x の関数として求めること，つまり，ハシゴの下端からの人の位置とそこで要求される力の関係を求めることです．それは

$$\tan(\theta) = \frac{H}{x}$$

より

$$\theta = \tan^{-1}\left(\frac{H}{x}\right)$$

となります．したがって，力は次式で与えられます．

$$F = \frac{WL \sin\left\{2 \tan^{-1}\left(\frac{H}{x}\right)\right\}}{4H}, \quad 0 \leq x \leq L$$

W, L, H の特定の値に対して，F 対 x の関係を描くのは簡単です．**図 13.2** はアマチュア無線家がアンテナを立てるときの結果を示しています（$H = 5$ フィート（約 1.5 m），$L = 60$ フィート（約 18 m），$W = 120$ ポンド（約 54 kg））．

アマチュア無線家が自分の論文の終わりに書いたように，この問題の本当の驚きはいまや図 13.2 で明らかです．「あなたが 55 フィート（約 17 m）歩いた後に，最大の力が生じることを，この曲線は示しています！ この時点

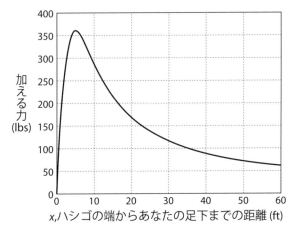

図 13.2 重量 120 ポンド，長さ 60 フィートのアンテナタワーを立てる

で，荷重が耐えられそうでないならば，アンテナを立てられないと判断して引き返すべきか否かという問題に直面します．実は，このときに事故がよく起こるのです．たとえ，あなたが 360 ポンド（約 160 kg）を持ち上げられるとしても，100 ポンド（約 45 kg）以上の重さを支えながら，かなりの距離を歩いてきたということを忘れてはなりません」．この警告は重要で，すべての自宅所有者が屋根に登ろうと考えるときに留意すべきものです．

注 釈

1) この問題はアマチュア無線家が長さ 60 フィート（約 18 m），重量 120 ポンド（約 54 kg）のアンテナを立てるときに直面した課題を読んで思いつきました．P. B. Mathewson: "Walking Your Tower Up? Can You Do It Safely?" *QST*, March 1980, pp.32-33 を参照してください．3 年後の 1983 年 9 月に，同じ結果が Robert L. Neman の論文 *The Physics Teacher*（"Practical Mechanics: Raising a Mast", pp. 379-380）に掲載されました．

2) *QST* の既投稿論文の結果を繰り返している論文において，Neman（注釈 1 を参照）はここで使った三角法の簡単な変形，つまり $\sin(2\theta) = 2\sin(\theta)\cos(\theta)$ でミスをしたため，不要な混乱を起こしています．さらに，彼は微分を使って最大の力を見つけました．*The Physics Teacher* のデンマークの読者（September 1984, p.350）が述べているように，「(Neman の) かなり冗長な導出は...不必要です」．「シンプルな物理学」の問題はシンプルであることを**守る**べきです．ここの話は，第 1 章の最後でエジソンと数学に関して私が述べたモラル，つまり「豆鉄砲（高校で学ぶ三角法）でやれるときに大砲（微積分学）を使うな」ということを示すもう 1 つの良い例です．

第 14 章

なぜ夜空は暗い？

Why Is the Sky Dark at Night?

> 科学にパラドックスはない．
> ——ケルビン卿（バルティモア講義より[1]）

　本章のトピックは，最もありふれたものに見え，そして誰の目にも明らかな観察事実が，実は，これまで物理学者たちが長い間調べていた最も深遠な問題であったことを教えてくれます．

　それでは，何百年も前の質問に飛び込みましょう．最初は，ばかばかしく（あるいは，きわめて形而上学的に）思えるかもしれない質問です．

　　なぜ夜空は暗いのか？

　（この質問を科学を学んだ友人にもしてみましょう．そして，次のような答えを聞いても驚かないように．「もちろん，暗いからだよ．馬鹿じゃないの．それが**夜**なんだよ」）．これが，ばかげた質問では**ない**ことを理解するのに，天才たちにも時間がかかりました[2]．

　宇宙空間が，無限に広くて，しかも一様に分布した無限の星を含んでいるとすれば，**図 14.1** のように，あなたが宇宙のどの方向に目を向けても，いずれはその視線が 1 つの星の表面に当たります（すぐあとで説明するように，実際に確率論がそうなることを**要求する**）．そうすると，夜空が暗いということなどあり得ません．まばゆいばかりに明るいはずです．でも実際には明るくないのです．なぜでしょうか？

　この問題を解くシンプルな方法は，宇宙（と，そこにある星の数）が無限

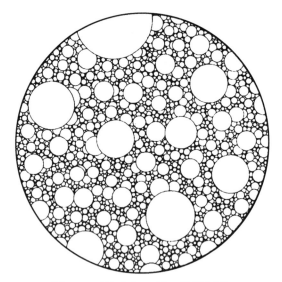

図 14.1　どこを向いても，星が見える

であることを否定すればよいだけです．しかし，それは多くのことを諦めることになります．無限の宇宙は，有限の大きさの宇宙の果ての「向こう側」が何であるか，という厄介な問題を回避できます．昔の神学者たちは，特に，無限の宇宙が好きでした．なぜなら，神の能力に限界はあるかという問題を避けられたからです．さらに，「すべてを創造する前の有限な時間に，神は何をしていたのか」という厄介な問題も同じように避けられたからです．（有名なウイットに富む答えは「そんな質問をする連中のために地獄を作っていた」）．現代の神学者たちや，理論物理学で学位をとった人の中には，このような質問に対してはもっと洗練された答え方をする人がいます．

そこで，**無限にある**星々はすべて私たちの太陽と同じくらい明るいと仮定しましょう．11,000°F（約 6,100℃）の表面温度をもっていても，私たちの太陽は普通の星なのです[†]．図 14.2 のような簡単な幾何に基づく議論から，夜空は強烈に明るくなります．事実，これから示す議論でわかるように，夜空は**限りなく**輝き，全空間は地球と地上のすべてのもの（私も含めて）を一瞬で蒸発させるほどの放射レベルになるのです．

[†]（訳注）華氏（°F）から摂氏（℃）への変換は $C = (5/9)(F - 32)$ です．

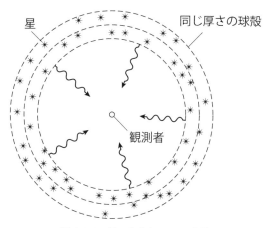

図 14.2 星々を含む 2 つの球殻

際限なく一様に分布している星々を含む空間に，図 14.2 のように取り囲まれている観測者をあなた自身だとしましょう．この空間を同心球殻で分けると（図にはそのような殻が 2 つだけ示されている），それぞれの殻は ΔR の同じ深さ（厚さ）をもっています．観測者から距離 R にある殻の体積は約 $4\pi R^2 \Delta R$（$\Delta R \ll R$ で成り立つ近似）で，この体積が殻内の星々（図 14.2 のアスタリスク $*$）の数の直接的な目安になります．距離 R での 1 個の星からの光の強度は $\frac{1}{R^2}$ に比例するので，距離 R での殻内にある**すべての星々からの光の強度**は $(4\pi R^2 \Delta R)\frac{1}{R^2} = 4\pi \Delta R$ で，**一定**の値です．つまり，殻から放射される光の強度は観測者から殻までの距離に無関係で，殻の厚さだけに依存します．したがって，無限の殻があれば，観測者は無限の強度の光を「見る」ことになる[3]ので，夜でも目がつぶれるほど空は明るいはずです．そのため，私たちはパラドックスに遭遇するのです．しかし，そのような無限の輝きが起こることを，ケルビン卿は否定しました．ケルビン卿がそう断言したのだから，きっと解決策があるに違いありません．この問題の答えは本章の終わりに示すので，ここからしばらくは，あなた自身でこの問題を考えてもらうことにして，話の流れを少し変えます．

夜空の問題の背後にある（すでに注意した）確率との関連を見るために，普通の x, y 座標系を考えよう．この座標系の第一象限で原点から

無限遠までランダムに直線を引く場合（線が x 軸となす角は $0 < \theta < 45°$ 区間にある），線が原点と異なる別の格子点を通る確率はいくらか？（格子点とは，例えば $(3,7)$ のような整数座標をもったもので，$(\pi, \sqrt{2})$ のようなものではない．）

この問題では，線と点の定義は純粋に数学的なものです．つまり，点のサイズ（広がり）はゼロで，線の幅はゼロです．そこで再び質問します．

線が少なくとも原点以外の格子点を通る確率はいくらになるか？

その確率はゼロです[4]．理由はこうです．線が格子点 (x_k, y_k) を通るならば，線は x 軸と $\tan(\theta) = \frac{x_k}{y_k}$ の角度 θ をなします．これは 0 と 1 の間の有理数ですが，有理数は**加算**無限です（つまり，正整数と 1 対 1 対応がある）．一方，$\tan(\theta)$ に対するすべての可能な値は 0 と 1 の間の実数で，これは**非加算**無限です[5]．しかし，もし各格子点の周りに半径 ε の円（夜空の問題で星々の円形断面積を考える）を描くならば，このときランダムに描いた線が**無限**の円を通る確率は，半径 ε がどんなに小さくても $\varepsilon > 0$ である限り，1 であることに注意することが重要です（でも，この証明は簡単ではありません！）．

この比喩的表現は「無限の強度」を避ける鍵になりますが，残念なことに，（これから示すように）夜空の明るさを無限大から「ちょうど」星の表面の明るさに減少させるだけです．これは，確かに大幅な減少ですが，宇宙の加熱炉で灰になることから守ってくれるほどの低さではありません．10^{-30} 秒で焼けてしまうのが 10^{-18} 秒に，つまり 1 兆倍長くなるだけです．要するに，$\infty°F$ から $11{,}000°F$ までの温度降下が，どのようにして起こるのかをまず見ておきましょう．それはとても簡単です．アイデアは**見通し距離**（*lookout distance*）というもの† を導入することです（本章の後半で，この距離を計算する方法を示す）．これは，あなたの視線が 1 個の星の表面で遮られるとき，その星とあなたとの距離を表す量です．このとき，1 個の星がその背後にあるすべての星を隠すので，あなたは**無数にある**たくさんの星々からの放射を**受けなく**なります．しかし，$11{,}000°F$ でもまだかなり高

---

† （訳注）**背景限界距離**ということもあります．

温です．

　実際には，このような閉塞(へいそく)のアイデアもうまくいきません．このアイデアはオルバースとシェゾーが提唱したものですが，彼らはエネルギー保存の原理が物理学に入る 1840 年代よりも前にこれを書きました．この原理は，閉塞のアイデアにおける致命的な欠陥です．なぜなら，より遠くの星々の光エネルギーを吸収した星間物質の温度が上昇し，そのエネルギーを再び私たちに向かって放射するからです．そのため，たとえ閉塞がうまく**機能していた**としても，その効果はなかったはずです．理由は次の通りです．

　ハリソン[2)]は彼の本の最終章の注釈に，私たちが見ている星々の背後にたとえ何も星がなくても，「星の固い空」とは何か，ということを初等数学でうまく解析しています．ハリソンの表現をもっとうまくする方法が思い浮かばないので，彼が書いた通りに示します．

> 空は 4π 平方ラジアンの角面積をもっている（平方ラジアンは立体角の単位でステラジアン）．1 ラジアンは弧度法では $180/\pi = 57.3$ 度．そのため，全体の空は $4 \times 180^2/\pi = 41,253$ 平方度で覆われている[†]．太陽は，約 0.27 度の角ラジアンの範囲を張っている．これは，0.22 平方度を少し上回る面積に相当するので，全体の空の面積はおおざっぱに言えば太陽の面積の 18 万倍．言い換えれば，明るい天空の宇宙は太陽の 18 万倍くらいの放射線を地球に降り注ぐ．

　これは無限大ではないが，地球を蒸発させるには十分な強さです（この結果はシェゾーによって初めて計算されました[3)]）．

　それでは，答えは**何なのでしょうか**？　歴史を調べながらハリソンは，現代的な答えの基本的なアイデアは米国の詩人エドガー・アラン・ポー（Edgar Allen Poe（1809-1849 年））が示唆したことを述べています．そのアイデアは，1848 年に出版されたポーの（100 ページ以上の）長編エッセイ『ユリイカ（*Eureka*)』にあります．ポーのアイデアは簡単で，宇宙は広大すぎるため，ある距離以上のところにある星々の光はまだ地球に到達していないというものです．その距離が，観測できる宇宙の境界を決める**地平線**

[†] （訳注）$4\pi(\mathrm{rad})^2 = 4\pi \times \left(\frac{180}{\pi}\right)^2 = 4 \times \frac{180^2}{\pi}$

とよばれるもので，この地平線は光の速さで地球から遠ざかっています．この単純なアイデアだけで，**際限なく輝く夜空**の災難から即座に逃れることができます．しかしながら，もっと星々が見えるようになると夜空はもっと明るく（もっと熱く）なります．

ポーのアイデアは夜空の問題に対する答えの**一部**です．『ユリイカ』には，神について真剣に考えている科学者達を励ますようなことが，もっとたくさん語られていました．そして，『ユリイカ』には宇宙がいかに広大かを示すために，普通の読者の前に延々と数字を並べ，多くの算術が含まれていました．当時の科学界が『ユリイカ』をどのように見ていたかを，数学者ストリンガム（Irving Stringham（1847-1909年），カリフォルニア大学・バークレイ校の数学の教授）の次のようなコメントから知ることができます．

> ポーは自分自身を絶滅した存在，最高秩序の宇宙の天才だと信じていた．そして，彼はこのエッセイを哲学や科学における彼の力を証明するために書いた．…ポーは天才でもその領域を間違えることを示すのに成功しただけだった[6]．言い換えれば，ポーは詩と短編だけに没頭すべきであり，天文学は天文学者に任せるべきだった．

このコメントは，いささか厳しすぎると私は思います（私は『ユリイカ』を魅惑的な物語だと思う）．しかし，このコメントは，当時の多くの科学者たちがポーに示した一般的な反応を表しています．

ポーの他にも，「暗い夜空問題」の答えの鍵が，宇宙全体の大きさにあるというアイデアをもった人はいました．例えば，米国の理論物理学者ティプラー（Frank Tipler（1947年-））は「暗い夜空問題」は1861年にドイツの天文学者のメドラー（Johann Heinrich von Mädler（1794-1874年））が解いたと示唆しました（ポーは明らかに彼の初期の本を読んでいた．なぜなら，ポーは『ユリイカ』で数回メドラーについて具体的に言及していたから）．メドラーは "*Popular Astronomy* 5版" に次のように書いています．

> 光の速さは**有限**なので，宇宙の創成の初めから今日まで**有限**な時間だけが過ぎた．このため，光が**有限**時間の間に進める距離に存在する天体しか私たちは見えない．このように考えれば，天空の暗い背景は十分に説

明できるので，光の閉塞を仮定する必要はない．要するに，光がこのような閉塞された距離（見通し距離）から私たちに**届かない**と言う代わりに，私たちに光は**まだ**届いていない，と言うだけでよい[7]．

　ポーとメドラーは，この部分に関しては正しかったのですが，十分ではありませんでした．ハリソンは長い間忘れられていた 1901 年のケルビン卿の論文（明らかに初版のときでさえもほとんど印象に残らなかった論文）を，研究の過程で見つけました（ハリソンの本に復刻）．そこに，「暗い夜空問題」の答えの最終部分を見ることができます．それは，星々が永遠に輝き続けることはなく，有限の寿命をもっているということです．そのため，1 個の星からの光を観察する時間は有限の期間しかありません．ケルビン卿は太陽の寿命に関する有名な計算などによって，その名声はビクトリア朝で絶大でした．ただし，太陽のエネルギー源が核反応であることは当時まだ知られていなかった[8]ので，彼の計算した寿命値はあまりにも短かったのです（5 億年より短く，おそらく 5 千万年ほどの短さ）．

　しかし，具体的な値よりも，その値が有限であることの方が重要でした．今日，私たちは太陽の年齢がおよそ 50 億年であること，そして，それと同じくらいの年限，光り続けることを知っています．ここで重要なのは，100 億年は「長い」けれども有限であることです．そして，ケルビン卿は初期の仕事で（彼が「確固たるダイナミクス」とよぶものを基礎にして），そのことを揺るぎない事実にしました．

　1901 年のケルビン卿の提唱した論文を理解するために，地球を取り囲んでいる，無限に一様に分布した星々で満たされた無限宇宙を想像しましょう．このような星々はすべて，ポーの神によって同時に「輝いた」と想像してください．最も近い星々からの光は「すぐに」地球に届きます．そして，もっと遠くの星々からの光と最終的には協力し合うでしょう．しかし，100 億年ほど過ぎると最も近いこれらの星々は輝かなくなり，暗い星々の膨張球（地球を中心として）が現れ始めます．そして，100 億年彼方からの光が地球に届き始め，その光が暗くなった星々から消えた光に置き換わります．このようにして，地球に到達する全体の光は夜間の星明かりの平衡状態に達します．夜空はどれくらいの明るさで平衡状態になるのか？　ケルビン卿に

よれば，全く明るくないのです．ここで，幾何学とちょっとした代数，そして，簡単な積分を使って，ケルビン卿がその明るさをどのように計算したかを紹介しましょう．

すべての星々は半径 a の同じ大きさで，単位体積当たり n 個の平均密度をもって空間全体にランダムに（一様に）分布していると仮定します．そして，地球を中心として，半径 q で厚さ dq の球殻を作ります．この球殻の中にある星の数は球殻の体積に n を掛けた $4\pi q^2 dq\, n$ です．このような星々の断面積でカバーされる球殻表面の全面積は

$$\left(\pi a^2\right)\left(4\pi q^2 dq\, n\right) = 4\pi^2 n a^2 q^2\, dq$$

なので，この面積を球殻の全面積で割れば，球殻内の星々に隠れて見えない，もっと遠方の天空の割合 f が次のように求まります．

$$f = \frac{4\pi^2 n a^2 q^2 dq}{4\pi q^2} = \pi n a^2\, dq$$

1個の星の断面積を $\sigma = \pi a^2$ とすれば，これは

$$f = n\sigma\, dq$$

と書けます．この q を 0 からある値 r まで動かせば，半径 r の球内にあるすべての球殻の陰になって見えない天空の**全割合**が次のように求まります．

$$\int_0^r f\, dq = \int_0^r n\sigma\, dq = n\sigma r = \frac{r}{\lambda}, \quad \lambda = \frac{1}{n\sigma}$$

この λ が前もって注意していた「見通し距離」です．ただ，（ケルビン卿自身がはっきりと認めたように）この計算ではもっと近くにある星々の食が無視されていますが，ケルビン卿はそのような食による遮へい事象は「滅多に起きない」と主張しています．

λ の計算には n の値が必要です．そこで，半径 r の球内に N 個の星があると仮定すると，n は

$$n = \frac{N}{\frac{4}{3}\pi r^3} = \frac{3N}{4\pi r^3}$$

です．その結果，

$$n\sigma r = \left(\frac{3N}{4\pi r^3}\right)(\pi a^2)\, r = \frac{3N}{4}\left(\frac{a}{r}\right)^2$$

が N 個の星でカバーされる天空の割合になります．ケルビン卿が論文を書いたとき，天の川の銀河系星雲だけが**宇宙である**という 19 世紀末頃の一般的な視点に彼は同意していました．10^{11} 個の銀河系があり，それぞれの銀河系内には 10^{11} 個の星々（全体で 10^{22} 個の星々！）があるという現代的視点の宇宙が発展したのは彼の死後です．ケルビン卿にとって，半径 3.09×10^{16} キロメートル（3,300 光年）の球内に 10^9 個の星をもつ天の川の銀河系だけが宇宙のすべてだったので，密度は

$$n = \frac{3 \times 10^9}{4\pi(3.3 \times 10^3)^3} \text{星の個数}/(\text{光年})^3$$
$$= 0.0066 \text{ 星の個数}/(\text{光年})^3$$

です．つまり，平均して 150 立方光年当たり 1 個の星があることになります．一見すると，これはかなり希薄な分布密度に見えるかもしれません．でも，もう少し考えてみると，そうではないことがわかるかもしれません．この密度は 1,500 立方光年内に，言い換えれば，半径 7.1 光年の球の内部に，ランダムに散りばめられた 10 個の星と同じです．さて，このような星々が互いに「どれくらい近いか」を測る直感的に満足できる方法は，**最近傍距離**の平均値を見ることです．つまり，10 個の星それぞれについて，最も近い星との間がどれくらい離れているのかを調べます（最近傍関数は逆関数ではないことに注意．つまり，A の最近傍が B であっても，B の最近傍は必ずしも A ではない）．これは確率の問題です．**もし**，あなたがここで私の想定以上に数学をわかっているならば解ける問題なので，私はあなたに答えだけを教えることにします[9]．半径 r の球の中心にそれらの星の 1 個をとり，残りの 9 個の星が球内にランダムに散らばっている場合，平均の最近傍距離は $r = 7.1$ に対して $0.4191r$（= 3 光年）です．比較のために，太陽の最近傍恒星は，4.3 光年の距離にある赤色矮星プロキシマケンタウリ星です．この星は α ケンタウリ 3 重星の一部です．

太陽の半径は 7×10^5 km，あるいは光年に（光速 3×10^8 m/s を使って）換算すれば

$$a = \frac{7 \times 10^8 \text{ m}}{3 \times 10^8 \frac{\text{m}}{\text{s}} \times 3{,}600 \frac{\text{s}}{\text{h}} \times 24 \frac{\text{h}}{\text{d}} \times 365 \frac{\text{d}}{\text{y}}}$$

$$= 7.4 \times 10^{-8} \text{ 光年}$$

なので，太陽の断面積は

$$\sigma = \pi \left(7.4 \times 10^{-8}\right)^2 (\text{光年})^2$$

$$= 172 \times 10^{-16} (\text{光年})^2$$

です．したがって，ケルビン卿による宇宙の見通し距離は

$$\lambda = \frac{1}{(0.0066)\,(172 \times 10^{-16})} \text{ 光年} = 8.8 \times 10^{15} \text{ 光年}$$

です．言い換えれば，あなたがケルビン卿の仮定した宇宙の夜空のほうを見ているとき，あなたの視線は星の表面で途切れるまで，およそ9千兆光年延びなければなりません．もっとドラマティックに言えば（それが可能ならば），あなたは9千兆年過去の星から出た光を見ることになります．**でも宇宙はそんなに古くはありません**．そのため，実際には何も見えず，夜空は（平均して）暗いのです．

この結論を本当に納得させるために，N 個の星でカバーされる空の割合（$n\sigma r$）を決めるケルビンの式を計算すると

$$n\sigma r = \frac{3N}{4}\left(\frac{a}{r}\right)^2 = \frac{3 \times 10^9}{4}\left(\frac{7.4 \times 10^{-8}}{3.3 \times 10^3}\right)^2 = 3.8 \times 10^{-13}$$

となります．これは確かにかなり**小さな値です**！ もちろん，N と r の値で遊ぶことができます．こんにち，N は 10^9 よりもかなり大きいはずですが，r も 3,300 光年よりかなり大きいはずです．そのため，最終結果は N と r の値にはほとんど依存しません．ケルビン卿自身が結論したように，「星空の合計を空全体の 10^{-12} か 10^{-11} 以上にするのに…十分な星々が存在する可能性はないようだ」．

それでは，次にあなたが大切な人に寄り添い，そしてわずかな星々だけで暗い夜空がいかにロマンティックであるのか解説するとき，あなたは語ることができます．「すごいね．**なぜ**こんなに暗いのか，その理由を知っている？ あなたの見ているところに**星がない**のはなぜ？ その理由を話してあ

げよう．それはね，つまり....」

それがいかにうまくいくかを試してみては！

注　釈

1) バルティモア講義（*The Baltimore Lectures*）は，スコットランドのトムソン（William Thomson（1824-1907 年））が 1884 年 10 月にジョンズ・ホプキンス大学で行った講演の速記録です．なお，トムソンはケルビン卿（Lord Kelvin）と同一人物です．

2) この質問は，しばしば（そして誤って）ドイツ人天文学者オルバース（Heinrich Wilhelm Olbers（1758-1840 年））にちなんで，**オルバースのパラドックス**の名前のもとに議論されています．彼は 1823 年にこれを書きましたが，実際は，それはケプラー（第 5 章を参照）によります．200 年以上も早い 1610 年に，ケプラーはそれを提出していました．しかしながら，ニュートンの友人ハレー（Edmund Halley（1656-1742 年））が 1772 年の論文でそれを（悲しいことに，間違って）議論するまで，出版されませんでした（オルバースの 1823 年の論文はハレーのミスを指摘していました）．「暗い夜空」問題の優れた歴史は，Edward Harrison: "*Darkness at Night*", Harvard University Press, 1987 を参照．この中に，ハレーの論文とオルバースの論文が復刻されています．

3) この議論はスイスの天文学者ジャン＝フィリップ・ロワ・ド・シェゾー（Jean-Philippe Loys de Chéseaux（1718-1751 年））によります．彼はそれを 1744 年の彗星に関する本の付録として発表しました．このことが，おそらく長い間，この議論が知られなかった理由です．この付録はハリソンによって彼の本（注釈 2 を参照）に再録されています．シェルの議論の**かすかな光**は，ハレーの本の中に見つけることができます．

4) 明らかに，**無限**に多くのそのような線を描くことができるので，ゼロの確率は格子点を通る線が不可能であることを意味**しません**．1 個の格子点すら通らない線の「もっと大きな無限大」があります．不可能な事象は実際に確率 0 ですが，逆は必ずしも真では**ありません**．

5) 高校レベルの証明法は拙著 "*The Logician and the Engineer*", Princeton University Press, 2013, pp.168-173 を参照．

6) *The Works of Edgar Allen Poe in Ten Volumes* (vol. 9), E. C. Stedman and G. E. Woodbury (eds.), The Colonial Company, 1903, p.312 からの引用．

7) Frank J. Tipler: "Johann Mädler's Resolution of Olbers' Paradox", *Quarterly Journal of the Royal Astronomical Society*, September 1988, pp.313-325 からの引用．

8) 太陽を含めたすべての恒星は星の深い内部での核融合反応でパワーを得ています．このような反応の知識は，ケルビン卿のずっと後（実際，彼の死後）に得られるので，彼は恒星のエネルギー源に対して別の機構を見つけなければなりませんでした．当時，唯

一可能な候補は星間ガス雲の**重力収縮**でした．収縮の間，つぶれていくガスのポテンシャルエネルギーはガス分子の運動エネルギーになります．そして，ガスを暖めて放射します．

皮肉なことに，現代の私たちは，星の形成は重力収縮で始まり，この重力収縮が崩壊するガス雲を核融合反応が起こる点まで加熱し，その結果，崩壊が止まると信じています．したがって，ケルビン卿は間違っていたわけではなかったのです．ケルビン卿による計算の詳細は拙著 "*Mrs. Perkins's Electric Quilt*", Princeton University Press, 2009, pp.157-162 を参照．

9) 完全な解析は拙著 "*Mrs. Perkins's Electric Quilt*" (note 8), pp.285-298, 365-366 を参照．

第 15 章

ものの浮き沈み

How Some Things Float (or Don't)

> 水の中の鉄は，木製のボートと同じように，簡単に浮かぶ．
> ——17 世紀のヨークシャーに住んでいた英国の（伝説の）魔女
> マザー・シプトンによる預言

　この章は，学術的な「ノート」と少し趣が違う．次のような短い物語から始めましょう．

　　銀行強盗のボブは盗んだ金をボスに渡す前にかすめようとしたため，ボスに捕まった．そして，いまボブは広い湖の真ん中に浮かんだボートの中に立たされている．セメントの入った大きなバケツの中に，彼の足は入れられて身動きできない．非道な仲間のフレッドとトムは，ボブを船外に放り投げるようにボスから命令されていた．命令を実行する直前に，フレッドがトムに言った．「トム，俺は射撃を習う前，州立大で物理を専攻していたんだ．今やろうとしていることが，そのときにやった宿題を思い出させるんだ．それは，ボブを湖に投げ込んで底に沈んだら，湖の水面は上がるのか，下がるのかという問題だ」．
　　一方，トムの方は州立大で遊びすぎて退学になった学生だったので，これを考えると，すぐに頭がこんがらがってしまった．ボブを湖に投げ込むと，ある量の水を押しのけるから，水面は上昇するはずだ．しかし，ボブがボートから投げ出されれば，ボートは軽くなってもっと高く浮く．だから，ボートが押しのける水は**より少なく**なるので，水面は下が

るはずだ．一体，どちらの効果が勝っているのか？

トムはあまり頭がよいわけではないが，ギャングとしては少し正直で，次のように答えた．「フレッド，俺にはわからない」．でも，トムは全く頭が悪いわけではなかったので，実にうまいアイデアを思いついた．「ボブを投げ込む**前**に湖水の水面を測り，投げ込んだ**後**にもう一度測ろう」．そして，トムはズボンからチョークを取り出して，ボートの真横にあった鉛直なポールに水面の高さの線を引いた．この鉛直なポールの一端は湖面から突き出し，もう一端は湖底に刺さっていた．「見ろよ，フレッド．俺たちがやることは，ただボブを投げ込んだ後，水面がこのチョークの線の上にあるか下にあるかを調べるだけだ」．フレッドはその論理を聞いて，トムのアイデアは理に適っていると思った．ボブは窮地にありながらも，（ギャングの邪悪な誘惑に屈する前は，州立大学で数学を専攻していたので）その問題の面白さに気づき，ボートの端に行きながら自分の考えを言おうとしたが，その間もなく投げ込まれたので，彼の考えが何であったか誰にもわからない．

ボブのことは忘れて，フレッドの問題に集中することにしよう．

水位は上がるのか，下がるのか（または，変化しないのか）？

あるいは，この物語の次のようなバリエーションも考えてみよう．

トムとフレッドは，彼らの古い仲間ボブを「このような仕打ちで終わらせること」に嫌気がさしたので，ボスの命令には従うけれどもボブに生き延びるチャンスを与えることにした．彼らはセメントを止めて，単にボブを湖に投げ込んだ．彼は沈まずに**浮かぶ**．この場合，水位はどのように変化するか？

このような問題に対する答えは，物理学の最も古い法則の1つで，紀元前3世紀に発見された**アルキメデスの原理**から導けます．有名な話によれば，シチリア島のシラクサ王ヒエロ2世の疑問，つまり，王冠は純金で作られているか，あるいは金細工職人が金の一部を着服し，それを隠すために盗んだ金と等重量の銀で置き換えたのではないかという疑問を，アルキメデ

ス（Archimedes（紀元前287年頃-212年））は解きました．

多くの物理学の教科書に書かれているように，アルキメデスは風呂に入っているときに突然この問題の解き方に気づき，うれしさのあまり風呂から飛び出して，裸のまま「ヘウレーカ」と叫びながら通りを走っていったということです．アルキメデス自身はこのことについて何も書き残していないので，彼の解法が**何であったのか**は謎のままです．実のところ，王冠の物語は2世紀後のローマの建築家ウィトルウィウス（Marcus Vitruvius）の本『建築について（*On Architecture*）』[1)]に初めて登場します．

アルキメデスの原理は「水に浮かんでいる物体または完全に水没している物体は，その物体が排除した水の重量に等しい浮力を受ける」というものです．完全に水没した物体の場合，水の**体積**はもちろん物体の**体積**です．物理のテキストでは，この原理は水の圧力が深さとともにどのように変わるかを考えることによって説明されるのが一般的です．そして，（物体の底面の圧力が他の場所よりも大きいので）物体にはたらく上向きの正味の力が計算できます[2)]．

ここで示す解は，水位の変化に関する2つの問題に対して，**解析的な**方法でアルキメデスの原理を使います．つまり，方程式をいくつか書きます．この手の問題の解法を説明する人の中には，数式を使わず言葉だけで結論に導く彼ら流儀のやり方があるために，解析的なアプローチを非難する人がいます．私がかつて偶然出会ったある作家は，この立場を次のように表現しました．「もちろん，数学好きの物理学者は，そのような問題に対して非常にたくさんの方程式を書いてから，すぐに解こうとするでしょう」．

これの何が**悪いのか**？ これこそが，湖にボブを投げ込む問題よりももっと難しい問題，簡単な言葉だけの解が見つけにくい問題に直面したとき，あなたが**すべきこと**なのです（本章の後半で，解析的なアプローチが**必要になる**「アルキメデス問題」の例を示す）．

「ボブを投げ込む」という2つの簡単な物理問題を解析的に解く方法を説明します．（「非常にたくさんの」とはほど遠い）少しばかりの方程式を書くだけで，いかにスムーズに，系統的かつ**迅速**に正解へ到達できるかがわかるでしょう．では，1番目の問題から始めます．

図15.1は，セメントで足を固定されたボブをトムとフレッドが船外に投

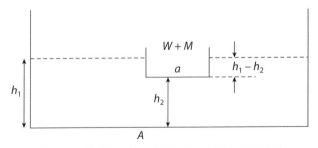

図 15.1 ボブとセメントがボートから投げ出される前

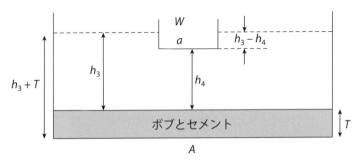

図 15.2 ボブとセメントがボートから投げ出された後

げる**前**の状況を描いています．ボートとトムとフレッドを合わせた重量は W で，ボブとセメントの重量は M です．水の密度を ρ_w，ボブとセメントの密度を $\rho(>\rho_w)$ とします（なぜなら，ボブとセメントは**沈む**ので）．ボートの断面積（鉛直な側面をもっていると仮定）は a，湖の断面積（鉛直な壁をもっていると仮定）は A とします．湖の底は完全に平らで，湖の水面の高さは h_1 です．ボートの底は湖底から h_2 の高さにあり，$h_1 > h_2$ です．

もちろん，これはボブに対するかなり残酷な仕事ですが，冷徹な眼をもった物理学者は，ボブを「ボブとセメントの体積に等しい水量に置き換えた質量」で単純化して考えます．実際のボブは，湖底に大きな塊として残りますが，押しのけた水に関する限り，ボブとセメントは厚さ T の層になって湖底全体に一様に広がっていると想像することもできます．これが**図 15.2** に示されたもので，ボブが詐欺師を働いた報いを受けた後の状況です．

では，解析を始めましょう．すぐ書ける最初の方程式は「水量の保存」の

式で，湖の水量はボブを投げ込んだ後と投げ込む前と同じだということを表す式です．それは

$$(A-a)h_1 + ah_2 = (A-a)h_3 + ah_4 \tag{1}$$

です．ボブが投げ込まれる前は，ボートと3人全員の重量は $W+M$ で，それらはすべて浮いているので，アルキメデスの原理から $W+M$ だけの水の体積が押しのけられていることになります．水の密度は ρ_w なので，この水の体積は $\frac{W+M}{\rho_w}$ です．押しのけられた水の体積は $a(h_1-h_2)$ なので

$$a(h_1 - h_2) = \frac{W+M}{\rho_w} \tag{2}$$

が成り立ちます．ボブが投げ込まれた後，ボートとふたりの男（フレッドとトムで，哀れなボブは別の場所）の重さは W で，彼らは浮いているので，式 (2) と同じ理由によって体積の間に

$$a(h_3 - h_4) = \frac{W}{\rho_w} \tag{3}$$

が成り立ちます．最後に，セメント詰めのボブの重量は M でその密度は ρ なので，彼の体積は $\frac{M}{\rho}$ ですが，これは AT に等しいから（ボブとセメントは湖底に一様に広がっているので）

$$T = \frac{M}{\rho A} \tag{4}$$

となります．

いま私たちが何をしているか，注意深く留意してください．4つの未知量 h_1, h_2, h_3, h_4 に対して，私たちは**3つの式** (1)，(2)，(3) と補助式 (4) をもっています．式 (4) は方程式ではありません（単に T を3つの**既知量**で表した関係式である）．4つの未知量を解くためには**4つの式**が必要なので，あなたは水中の死体を考えるかもしれません（ボブのようなものを）．しかし，そうではありません！ なぜなら，私たちが知りたいのは水位の**変化**だけだからです．ボブが投げ込まれる前の湖面からの高さは h_1 で，ボブが投げ込まれた後の新しい水位はトムのチョークマークの $h_3 + T$ だから，変化量は $h_1 - (h_3 + T) = h_1 - h_3 - T$ です．やるべきことは，この値が負（水面が上がる）か，ゼロ（水面は変わらない）か，正（水面が下がる）かを調

べるだけです．私たちは2つの未知量の**差**（h_1 と h_3．なぜなら T は未知量では**ない**から）だけを求めているので，4つの未知量に対する3つの式だけで計算できます．ここから先は，すべて簡単な代数の計算になります．

式 (1) から

$$h_1 + \frac{a}{A-a}h_2 = h_3 + \frac{a}{A-a}h_4$$

あるいは

$$h_1 - h_3 = \frac{a}{A-a}h_4 - \frac{a}{A-a}h_2 \tag{5}$$

です．式 (2) から

$$h_1 - h_2 = \frac{W+M}{a\rho_\mathrm{w}}$$

そして，式 (3) から

$$h_3 - h_4 = \frac{W}{a\rho_\mathrm{w}}$$

なので，h_2 と h_4 が

$$h_2 = h_1 - \frac{W+M}{a\rho_\mathrm{w}}$$

と

$$h_4 = h_3 - \frac{W}{a\rho_\mathrm{w}}$$

のように求まります．

この h_2 と h_4 を式 (5) に代入すると

$$\begin{aligned}
h_1 - h_3 &= \frac{a}{A-a}\left(h_3 - \frac{W}{a\rho_\mathrm{w}}\right) - \frac{a}{A-a}\left(h_1 - \frac{W+M}{a\rho_\mathrm{w}}\right) \\
&= \frac{a}{A-a}h_3 - \frac{W}{(A-a)\rho_\mathrm{w}} - \frac{a}{A-a}h_1 + \frac{W+M}{(A-a)\rho_\mathrm{w}} \\
&= \frac{a}{A-a}h_3 - \frac{a}{A-a}h_1 + \frac{M}{(A-a)\rho_\mathrm{w}}
\end{aligned}$$

となります．したがって，

$$h_1 + \frac{a}{A-a}h_1 = h_3 + \frac{a}{A-a}h_3 + \frac{M}{(A-a)\rho_{\mathrm{w}}}$$

より

$$h_1\left(1 + \frac{a}{A-a}\right) = h_3\left(1 + \frac{a}{A-a}\right) + \frac{M}{(A-a)\rho_{\mathrm{w}}}$$

なので，次式になります．

$$h_1\frac{A}{A-a} = h_3\frac{A}{A-a} + \frac{M}{(A-a)\rho_{\mathrm{w}}}$$

これを

$$h_1 A = h_3 A + \frac{M}{\rho_{\mathrm{w}}}$$

と変形すれば，結局

$$h_1 - h_3 = \frac{M}{A\rho_{\mathrm{w}}}$$

です．

最終的に，式 (4) を使うと，水位の変化量は $\rho > \rho_{\mathrm{w}}$ のため

$$h_1 - h_3 - T = \frac{M}{A\rho_{\mathrm{w}}} - \frac{M}{A\rho} = \frac{M}{A}\left(\frac{1}{\rho_{\mathrm{w}}} - \frac{1}{\rho}\right) = \frac{M}{A}\left(\frac{\rho - \rho_{\mathrm{w}}}{\rho\rho_{\mathrm{w}}}\right) > 0$$

となります．この解から，セメントで足を固定されたボブをボートから投げだす 1 番目の問題では，湖面の水位は**下がる**ことがわかります．解析的アプローチの価値は M と A と ρ (ρ_{w} は物理定数の表でわかる) の値がわかれば，水位が**どれだけ**下がるかも計算できることです．

おそらく，あなたは本章のはじめで，解析的アプローチの代わりとして「簡単な言葉だけの解」ついて私が話したことを覚えているでしょう．そのような解法の例をここで示します．まず，ボブとセメントは**非常に**密度が高く，事実上，彼らの重量 M に対して，ボブとセメントにはほとんど体積がないほどに高密度だと仮定します．そうすると，ボブがボートから投げ出されると，ボートはより高く浮くことになります（そのため水面は下がる）．その上，ボブは湖底に沈んでいるので，ほとんど水を動かしません（そのため水中の彼の存在は水面にほとんど影響を与えない）．したがって，これらの効果によって水位は下がることになるので，私たちの導いた結果と同じも

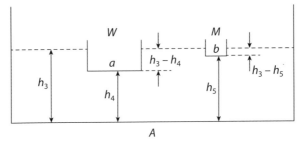

図 15.3 ボブはボートから投げ出された後，浮いている

のになります．これはうまいやり方ですが，極端な状況での結果です．これが**常に**正しい結果だと，どのようにしてわかりますか？ 解析的アプローチを使うと，このような疑問を回避できます．そして，W と M と A と a と $\rho > \rho_w$ の可能な全ての値に対して，水位が**常に**下がることを証明できます．さらに水位の下がる大きさまでわかるのです．

さて，2番目の問題に移りましょう．フレッドとトムがセメントを忘れたため，ボブが浮いている場合はどうなるでしょう？「ボブがボートから投げ出された後」の状況が**図 15.3** に示されています．未知量 h_1, h_2, h_3, h_4 は前と同じですが，今回は新たに h_5（湖底から浮いているボブまでの距離）があります．妙なことに，余分な未知量が増えたにもかかわらず，この問題は1番目の問題よりも答えはもっと「明らかだ」と思う人が結構います．その理由は次のようなものです．ボブは投げ出される前，（ボートの中で）浮いています．そして，投げ出された後も彼自身は浮いています．両方の場合，彼は浮いていますが，湖自体は彼が浮いているのはボートの内か外かを**知りません**．そのため，湖の水位は変わるはずはないのです．

実は，すぐあとで解析的に示すように，この結論は正しいのです．しかし，もしあなたがこの質問を100人にしたら，それほど確信できない人が少なくとも数名いることに私は賭けます．でも，あなたがこれら同じ100人に対して解析的な解を示せば，どんなに疑い深い人でも納得するはずです．そこで，解析的なアプローチをもう一度やりましょう．図 15.3 のように，ボブは鉛直な側面をもって浮いており，断面積 b をもっていると仮定します．

水量の保存から，次式が成り立ちます．

$$(A-a)h_1 + ah_2 = ah_4 + bh_5 + (A-a-b)h_3 \tag{6}$$

式 (2) はまだ成り立つので，次の通りです．

$$a(h_1 - h_2) = \frac{W+M}{\rho_\mathrm{w}} \tag{7}$$

同様に，式 (3) も成り立つから

$$a(h_3 - h_4) = \frac{W}{\rho_\mathrm{w}} \tag{8}$$

です．最後に，**浮いている**ボブを式で表すと

$$(h_3 - h_5)b = \frac{M}{\rho_\mathrm{w}} \tag{9}$$

となります．したがって，5 つの未知量をもつ 4 つの式をもったことになりますが，これらの式はすべて湖の水位の変化 $h_1 - h_3$ を解くために必要です．

式 (6) から

$$(A-a)h_1 + ah_2 = ah_4 + bh_5 + (A-a)h_3 - bh_3$$

あるいは

$$(A-a)h_1 + ah_2 = ah_4 + (A-a)h_3 + b(h_5 - h_3) \tag{10}$$

です．式 (9) から

$$h_3 - h_5 = \frac{M}{b\rho_\mathrm{w}}$$

あるいは

$$h_5 - h_3 = -\frac{M}{b\rho_\mathrm{w}} \tag{11}$$

です．式 (11) を式 (10) に代入すれば，

$$(A-a)h_1 + ah_2 = ah_4 + (A-a)h_3 - \frac{M}{\rho_\mathrm{w}}$$

より

第 15 章 ものの浮き沈み

$$(A-a)h_1 - (A-a)h_3 = ah_4 - ah_2 - \frac{M}{\rho_w}$$

となるので

$$(A-a)(h_1 - h_3) = a(h_4 - h_2) - \frac{M}{\rho_w}$$

結局

$$h_1 - h_3 = \frac{a}{A-a}(h_4 - h_2) - \frac{M}{(A-a)\rho_w} \tag{12}$$

となります．式 (7) から

$$h_1 - h_2 = \frac{W+M}{a\rho_w}$$

式 (8) から

$$h_3 - h_4 = \frac{W}{a\rho_w}$$

なので，これら 2 つの式から次式が得られます．

$$(h_1 - h_2) - (h_3 - h_4) = \frac{W+M}{a\rho_w} - \frac{W}{a\rho_w} = \frac{M}{a\rho_w}$$

この式の左辺を並べ替えると

$$(h_1 - h_3) + (h_4 - h_2) = \frac{M}{a\rho_w}$$

となるので，

$$h_4 - h_2 = \frac{M}{a\rho_w} - (h_1 - h_3)$$

です．この式を式 (12) に代入して整理すると，次式になります．

$$h_1 - h_3 = \frac{a}{A-a}\left[\frac{M}{a\rho_w} - (h_1 - h_3)\right] - \frac{M}{(A-a)\rho_w}$$
$$= \frac{M}{(A-a)\rho_w} - \frac{a}{A-a}(h_1 - h_3),$$
$$-\frac{M}{(A-a)\rho_w} = -\frac{a}{A-a}(h_1 - h_3)$$

ここで，$\frac{a}{A-a} \neq 0$ なので，この式から $h_1 - h_3 = 0$，つまり $h_1 = h_3$ となり

ます．このように，ボブが沈まずに**浮いている**場合，湖の水位は変化しないことがわかります．

アルキメデスの原理に関する本章を終える前に，もしあなたがやりたければ，台所で実験できる面白い「シンプルな物理学」の問題を次に示しましょう．この問題は，最初，米国物理学専門誌（American Journal of Physics）で偶然に見つけましたが，残念なことに，この出題者の解法は誤っていました[3]．幸いなことに，一人の読者が数ヶ月後に正しい結果を発表したので，ここではそのアプローチの変形を使います[4]．この問題をやれば「簡単な言葉だけの解」では無理で，確固たる数学（でも高校の代数と大学1年の微積分だけ）が必要になることがわかります．

> 半径 R の空っぽの円筒形タンクがあり，タンクの底には半径 r（未知量）の球が置かれているとする（球はタンク内だから，もちろん $r < R$）．球の密度 ρ は，水の密度よりも小さいということ**以外は**わからないものとする．つまり，タンクに水を入れだすと，いずれ球は浮かぶ．では，球がタンクの底から浮かぶ**直前の水量**はいくらだろうか？

図 15.4 はこの問題の設定状況を描いています．h は球がまさに浮かび出そうとするときのタンク内の水面の高さです．図では，水面は球の中心よりも上に描かれていますが，「かろうじて浮かび出す」ときの h の値は明らかに ρ と r に依存します．解析を始めるのに，水の密度が1になるような単位を選んで球の密度 ρ の値の範囲を $0 < \rho < 1$ にします．

タンク内の水の体積を v，球の**水面下にある**部分の体積を v_s とすれば，

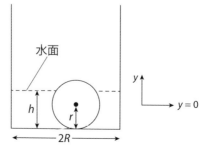

図 15.4　円筒タンク内で「ちょうど浮かんだ」球

次式が成り立ちます．

$$v = \pi R^2 h - v_\mathrm{s} \tag{13}$$

水の深さ h には 2 つの可能性があります．1 つは $h \geq r$（図 15.4 の場合）で，もう 1 つは $h < r$ です．$h \geq r$ の場合，

$$v_\mathrm{s} = \frac{2}{3}\pi r^3 + \int_0^{h-r} \pi(r^2 - y^2)\,dy = \pi\frac{3rh^2 - h^3}{3}, \quad h \geq r$$

と書けます．ここで，右辺の 1 項目は球の下半分の体積です．そして，積分[5]は球の中心から上の，水面下にある球の部分の体積です．変数 y が球の中心（$y = 0$）から測った距離です．

v_s の式について注意してほしいことが 2 つあります．1 つ目は，この式が $h = 2r (v_\mathrm{s} = \frac{4}{3}\pi r^3)$ でも正しく成り立つことです．2 つ目は，この式が $h < r$ の場合でも正しい答えを与えることで，実際に v_s を積分すれば確認できます（あなたはきっと確認するでしょう，私には**わかる**）．式 (13) と合わせると，次式を得ます．

$$v_\mathrm{s} = \pi\frac{3rh^2 - h^3}{3}, \quad 0 \leq h \leq 2r \tag{14}$$

次に，アルキメデスの原理によれば，球がちょうど浮くと，球の重さに等しい水量を球は押しのけるので（水の密度は 1），次式が成り立ちます．

$$\frac{4}{3}\pi r^3 \rho = \pi\frac{3rh^2 - h^3}{3} \tag{15}$$

ここで，式 (15) の左辺は球の重さ，右辺の h は球が**ちょうど浮いた**ときの水の深さです．簡単な計算から，式 (15) は

$$r^3 - r\frac{3h^2}{4\rho} + \frac{h^3}{4\rho} = 0 \tag{16}$$

となりますが，これはちょっと大げさな式です．式 (16) をどのように解けばよいのでしょうか？

ここからは，注釈 4 の著者のガイドに**従いましょう**．彼は 3 次方程式 (16) の 3 つの根を**解析的**に解き，$\rho < 1$ の場合，3 つの**実根**が存在すること，そして，そのうちの 1 つだけが「物理的である」ことを示しています（この著者は**物理的である**という意味を定義していないが，私は後でこの意味につ

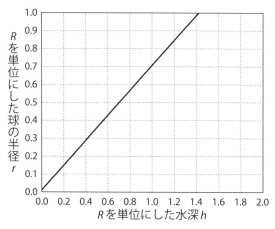

図 15.5 $\rho = 0.8$ での r 対 h の曲線

いて少し説明する).しかし,式 (16) を解く計算はかなり複雑なので(数学がよくできる高校生なら計算できるだろうが),私は別のアプローチを取りたいと思います.

始めるために,以前やった簡単な観察の繰り返しをしましょう.タンクの底における最大の球の半径は $r = R$ です.そこで,$\rho < 1$ のある値に対して,h を $0.01\ R$ から $2R$ まで $0.01R$ 刻みで変化させて,r を繰り返し(コンピュータ[6])で)解くことにします.つまり,h の変化は,タンク内にほとんど水のない状態から,球全体を完全に沈めてしまうまでの水量に対応します.タンク内に入る球であれば,h のそのような区間のどこかで浮かび始めるでしょう.長さの単位を R とすれば,h は 0.01 刻みで 0.01 から 2 まで変わるので,h の値は 200 個です.

h の 200 個の 1 つひとつの値に対して,r の式 (16) を解くと,200 個の (r, h) のペアが求まるので,ρ の値に対して,r 対 h の曲線が引けます.**図 15.5** は $\rho = 0.8$(勝手に選んだ値)に対する曲線ですが,(例として)$h = 1$(R の単位で)のとき,この密度の球が浮かび始める半径は R の単位で $r = 0.7$(もっと正確には 0.7014)であることがわかります.

さて,あなたにちょっとした(すぐに答えられる)パズルを出しましょう.$h = 1$ で式 (16) を満たす**別の** r 値があります.それは,$r = 0.4033$ です.この値が式 (16) を満たすことは,$h = 1$ と $\rho = 0.8$ に固定した式 (16)

に $r = 0.4033$ を代入すれば，簡単に確かめられます．そのため，この r 値も解としてよさそうに見えますが，なぜ図15.5にこの r の値はないのでしょうか？ それは，この値が「物理的ではない！」からです．理由は次の通りです．実数係数をもつ（式(16)のような）3次方程式はすべて，常に3つの解をもっています．それらは実数や複素共役の**ペア**[7]を含んでいます．したがって式(16)の3つの解は，1つの実根と2つの複素数解か，あるいは3つの実根のどちらかです．2つの実根と1つの複素数解はあり得ません．なぜなら，複素数解はペアで現れるからです．さて，次のような形の3次方程式が**常に負の実根**[8]をもつことを示すのは難しくありません．ただし，p と q はともに（式(16)のように）正です．この解は，**物理的でない**として即座に棄てられる解です（誰も，負の半径をもった球を見た人はいない）．

$$r^3 - pr + q = 0$$

つまり，この段落の最初の文章は，別の2つの解は両方とも複素数か，あるいは両方とも実数であることを意味しています．

もし，これら2つの解が複素数ならば，物理的でないとして，これらも棄てます．なぜなら複素数の半径（4次元の影！）は，負の半径と同じくらいあり得ません．このようなことは，式(16)には起きません．なぜなら，**物理的**に，h のすべての値に対して，浮かぶような（適当な半径 r の）球が**存在**することはわかっているからです．したがって，式(16) は3つの実根をもっているはずです．さらに，注釈8で記述されている解析から，常に1つの負の解があること，そして他の2つの実根が**ともに正**であることがわかっています．

このような2つの実根が正であるという事実は，残念ながら解が「物理的である」という要請に対して十分では**ありません**．実際，正の解が物理的であると宣言するには，満たさねばならない**2**つの付加的な要請があります．1つは正の r が 1（R の単位で）よりも大きくなってはならないことです．そうでなければ，すでに注意したように，球はタンクの中に入らないからです．この要請に対して，$r = 0.7014$ と $r = 0.4033$ は**両方とも** 1 より小さいから，**両方とも**問題ないと思うかもしれませんが，$r = 0.4033$ はもう 1

つの要請を満たしません．もう，わかりましたか？

物理的に正しい解であるためには，式 (16) を満たす r の正の値は $h < 2r$ でなければなりません．これは，球が完全に水没する**前に**，球が浮き上がることを意味します．もし球が完全に水没するまで浮かばなければ，タンクにもっと多くの水を加えるだけで，球が突然浮かぶことになりますが，これはありえません．$r = 0.4033$ の解は $h = 1 > 0.8066$ のため，この要請をパスしません．図 15.5 の $r = 0.7014$ の解はこの 2 つ目の要請（$h = 1 < 1.4028$）をパスします．肝心なことは，すべての h と $\rho < 1$ に対して，厳密に 1 つの物理的に正しい r の値が存在することです．

さて，元々の問題は何だったでしょうか．球がまさに浮かび始めるときのタンク内の水量 v を決める問題でした．ある ρ と h に対して，いったん r を決めれば，この問題に答えることができます．式 (14) に r と h を代入して v_s が求まるので，このの v_s を式 (13) に代入すれば，水量 v が決まります．

注 釈

1) アルキメデスのやったことを，物理学者はどのように議論すべきかをうまく解説したものが，Lillian Hartmann Hoddeson: "How Did Archimedes Solve King Hiero's Crown Problem?—An Unanswered Question", *The Physics Teacher*, January 1972, pp.14-18 にあります．

2) 皮肉なことに，ウィトルウィウス（Vitruvius）の本を読むと，浮力が王冠の問題と**関係ない**ことを強く暗示しています！ ウィトルウィウスは次のように書いています．「[アルキメデス] は浴場にたまたま来て，そこで，浴槽に浸ると，浴槽から流れ出た水の量が彼の水中の体積と等しいことに気づいた」．それで，ウィトルウィウスによれば，アルキメデスが発見したのは，（王冠のような）複雑な物体の体積を測定する方法で，それは排除した水を測ればよいというものでした（これは，第 1 章の終わりに書いたエジソンの話を思い出させませんか？）．一定の重量に対して，金と銀は異なる体積に置き換わります．なぜなら，それらの密度が異なるからです．このアプローチを使えば，主要なアイデアは浮力ではなく，置き換わった体積ということになります．

3) I. Richard Lapidus: "Floating Sphere", *American Journal of Physics*, March 1985, pp.269-280.

4) Lawrence Ruby: "Floating Sphere Problem", *American Journal of Physics*, November 1985, pp.1035-1036.

5) この積分の詳細をやるつもりはありません．ただ，これは標準的な体積積分の例で，大学 1 年の微積分学のほとんどのテキストで扱われていることだけを言っておきます．しかし，結果を確認するために，あなたは積分の計算の詳細を調べる必要があります．

6) これは物理学の本で，コンピュータプログラミングの本ではありませんが，私は数式処理ソフトの MATLAB を使いました．この詳細について**本当に**興味があれば，私に手紙をください．図 15.5 を作るプログラムをお送りします．
7) これは，方程式論からの純粋に**数学的**な結論です（物理は含まれていない）．専門書を見れば，もっと詳しいことがわかります．
8) これを証明できますか？　これは純粋に数学です（物理学ではない）．もし証明できなければ（そして，興味があれば），私に手紙をください．簡単な証明法をお送りします．

第 16 章

クランクシャフトの動き

A Reciprocating Problem

> バスの車輪はくるくる回り...
> バスの乗客は上下に動く...
> ——幼稚園の子供の親たちを数十年間送迎してきた保育園の歌詞

　理工学的に重要な問題を解くときに，三角法，幾何学（そして微積分）などを使う例として，**図 16.1** を考えましょう．見ての通り，A の周りで回転する**クランクシャフト**の断面図です．長さ r のクランク腕は B のヒンジ継ぎ手（ちょうつがい）まで伸びています．クランクシャフトが一定の角速度 ω（ラジアン/秒）で反時計回りに回転すると，B は半径 r の円周に沿って回転します．また B も C で長さ l の**連結棒**によってヒンジ継ぎ手に繋がっています．C は**ピストンピン**の位置です．これは連結棒により連結されたピストンを x 軸に沿って前後に駆動するものです．

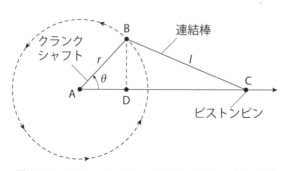

図 16.1　クランクシャフト，連結棒，ピストンピンの図

クランクシャフトは外部エネルギー源（例えば，流水内でのタービン）で回転するから，ピストンが動きます．そのため，この構成図はポンプとみなすことができます．一方で，クランクシャフトが回転することもあります（そして，トランスミッション（変速機）を動かして車の車輪を駆動する）．**なぜなら**，ピストンを覆うシリンダー内で気化したガソリンを急激に燃焼させればピストンが動くからです．この場合，私たちは内燃機関を扱っていることになりますが，いずれにせよ，クランクシャフトを回転させるなら，ピストンピン（留め金）の位置と速さと加速度を計算しなければなりません．

図 16.1 の配置から，ピストンピンの位置は A から測って

$$x(t) = \overline{AD} + \overline{DC}$$

です．$\theta = \theta(t) = \omega t$ だから，$x = x(t)$ と書けることに注意してください．いま

$$\overline{AD} = r\cos(\theta)$$

であり，ピタゴラスの定理

$$\overline{BD}^2 + \overline{DC}^2 = l^2$$

と

$$\overline{BD} = r\sin(\theta)$$

から，$x(t)$ は

$$x(t) = r\cos(\theta) + \sqrt{l^2 - r^2\sin^2(\theta)} = r\cos(\theta) + l\sqrt{1 - \left(\frac{r}{l}\right)^2 \sin^2(\theta)}$$

です．したがって，次式が成り立ちます．

$$\boxed{\frac{x(t)}{l} = \left(\frac{r}{l}\right)\cos(\theta) + \sqrt{1 - \left(\frac{r}{l}\right)^2 \sin^2(\theta)}, \quad \theta = \omega t}$$

この $\frac{x(t)}{l}$ の式は変数 x を l で割った（規格化した）もので，連結棒の長さが単位長さの役割をしています．この式は連結棒の長さに相対的なピストンピンの位置を表すもので，**規格化された変数の有用なテクニックを教えてく**

れます．

　ピストンピンの速さは，$x(t)$ を t で微分した量です．規格化された $\frac{x(t)}{l}$ の微分では**ありません**．つまり，

$$\frac{dx}{dt} = -r\sin(\theta)\frac{d\theta}{dt} + \frac{1}{2}\left\{l^2 - r^2\sin^2(\theta)\right\}^{-1/2}\left\{-2r^2\sin(\theta)\cos(\theta)\frac{d\theta}{dt}\right\}$$

です．少し計算すれば，

$$\frac{dx}{dt} = -\omega r\sin(\theta) - \frac{\omega r r \sin(\theta)\cos(\theta)}{l\sqrt{1-\left(\frac{r}{l}\right)^2\sin^2(\theta)}}$$

となります．Bの速さは，Bが1回転で動く距離 $2\pi r$ をそれに要する時間 $\frac{2\pi}{\omega}$ 秒で割った量だから，

$$\frac{2\pi r}{\frac{2\pi}{\omega}} = \omega r$$

がBの速さです．この速さは，ピストンピンの速さを規格化するための速さの単位として使えるから，規格化されたピストンピンの速さは

$$\boxed{\frac{\frac{dx}{dt}}{\omega r} = -\sin(\theta)\left\{1 + \frac{\left(\frac{r}{l}\right)\sin(\theta)\cos(\theta)}{\sqrt{1-\left(\frac{r}{l}\right)^2\sin^2(\theta)}}\right\}, \quad \theta = \omega t}$$

です．次に，ピストンピンの加速度は $\frac{dx}{dt}$ を t で微分した

$$\frac{d^2x}{dt^2} = -\omega r\cos(\theta)\frac{d\theta}{dt} - r^2\omega$$

$$\times \left[\frac{\sqrt{l^2-r^2\sin^2(\theta)}\left\{\cos^2(\theta)\frac{d\theta}{dt}-\sin^2(\theta)\frac{d\theta}{dt}\right\}-\sin(\theta)\cos(\theta)\frac{1}{2}}{l^2-r^2\sin^2(\theta)}\right]$$

で与えられます．これを少し計算すると次式になります．

$$\frac{d^2x}{dt^2} = -\omega^2 r\left[\cos(\theta) + \left(\frac{r}{l}\right)\frac{\cos(2\theta)+\left(\frac{r}{l}\right)^2\sin^4(\theta)}{\left\{1-\left(\frac{r}{l}\right)^2\sin^2(\theta)\right\}^{3/2}}\right]$$

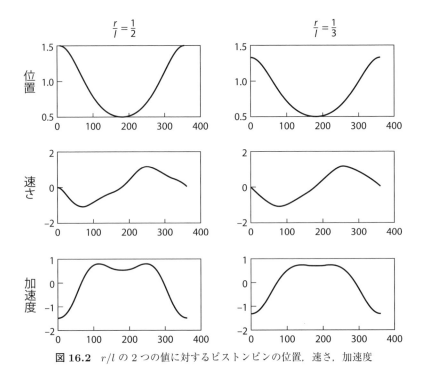

図 16.2 r/l の 2 つの値に対するピストンピンの位置，速さ，加速度

すでに規格化を 2 回やりましたが，この加速度も問題に固有な加速度を使って規格化できます．固有な加速度は $\omega^2 r$ です（これは加速度[1]の次元をもっている．第 5 章で，この加速度を**向心加速度**とよびました）．したがって，規格化されたピストンピンの加速度は次式で与えられます．

$$\boxed{\frac{\dfrac{d^2 x}{dt^2}}{\omega^2 r} = - \left[\cos(\theta) + \left(\frac{r}{l}\right) \frac{\cos(2\theta) + \left(\frac{r}{l}\right)^2 \sin^4(\theta)}{\left\{1 - \left(\frac{r}{l}\right)^2 \sin^2(\theta)\right\}^{3/2}} \right], \quad \theta = \omega t}$$

図 16.2 はピストンピンの規格化された位置，速さ，加速度の式を規格化されたパラメータ $\frac{r}{l}$ の 2 つの値（左側の図は $\frac{r}{l} = \frac{1}{2}$ で，右側の図は $\frac{r}{l} = \frac{1}{3}$）に対してプロットしたものです．横軸は独立変数の角度 θ です．時間 t よりも，クランクシャフトの回転角を横軸の単位にしています．というのは，自動車メーカーが内燃機関の点火タイミングの適切な設定のために使うのがこ

のパラメータだからです．例えば，点火タイミングの仕様書に，メカニクスは「12度BTDCで設定する」といった表現を見かけることがありますが，これは「ピストンが圧縮過程の上死点の前12度にあるときに，点火プラグが発火するように設定する」という意味です．

クランクシャフト，連結棒，ピストンピンなどの部品に要求される，速さや加速度に耐えうる強度をもった金属を選ぶ機械設計エンジニアにとって，図16.2のようなプロットは非常に重要です．

注　釈

1) $\omega^2 r$ の単位は $\frac{(\text{rad})^2 \cdot \text{m}}{\text{s}^2}$ です．ただし，**rad**（ラジアン）は無次元です．

第 17 章

野球でうまく捕球するコツ

How to Catch a Baseball (or Not)

> 物理法則は数学的な美しさをもつべきだ.
> ——ディラック（1933年度ノーベル物理学賞受賞者）が
> 1955年にモスクワの黒板に書いた言葉

　ここでは，三角法と物理学の素晴らしい理論を使って，野球の驚くべきプレー（しかし，意外にもありきたりのプレー）が説明できることを話します．「説明」は言い過ぎかもしれませんが，ディラックの主張（よい物理学は美しくなければならない）の逆（美しい物理学はよい物理学である）は必ずしも正しくはないことを主張したいのです．

　つまり，私がこれから説明する理論は，そのシンプルさが非常に美しいのです．問題の発端は，米国の電気技師ヴォネヴァー・ブッシュ（Vannevar Bush（1890-1974年））が書いた "When Bat Meets Ball" と題するエッセイの中にあります．ブッシュは「バットの音で，野手のメイズ（Willie Mays（1931年-））は打球をチラリと見て，振り向くことなく走り，適切なタイミングで正確な位置にいて，ボールを肩越しにキャッチする．どうしてそんなことができるのだろうか．おそらくメイズにもわかっていないだろう[1]」．

　ブッシュのエッセイが出版された翌年，チャップマン（Seville Chapman）はこの問題は純粋に数学で解けるので「これは全く謎ではない」と書きました[2]．そして，これは単に「その運動の法則がわかっているときに，ターゲットの運動を予測する」問題であり，そのような予測は「天文学者や弾道ミサイル防衛技術者にとっては標準的なものだ」と断言して次のように論じま

した．

ボールは初速度 V でグラウンドとの角度 θ をもってバット（原点）を離れたとしよう．よく知られているように…任意の時刻 t での鉛直方向の変位と水平方向の変位（つまり，ボールの x 座標と y 座標）は

$$y = V\sin(\theta)t - \frac{1}{2}gt^2$$

$$x = V\cos(\theta)t$$

である．ここで，g は重力加速度の大きさである（バッターがボールを打った瞬間を $t=0$ とする）．

注意してほしいのは，（チャップマンのように）**空気抵抗を無視すれば**ボールがバットを離れたあと，ボールにはたらく力は**鉛直下向き**の重力だけです．そして，ボールの速さの水平成分 $V\cos(\theta)$ は変わりません．したがって，x の式は上記の通りです．しかし，ボールの速さの**鉛直成分**は重力が常に初速の y 成分 $V\sin(\theta)$ を減少させるようにはたらくので

$$\frac{dy}{dt} = V\sin(\theta) - gt$$

となります．チャップマンの式の y を積分するのは簡単です[3]．

次に，チャップマンは**図 17.1** を考えるように読者に求めました．

バッターは x,y 座標系の原点におり，野手は（幸いにも）ボールが最終的に到達する距離 R の場所に立っているとする（この特別な条件はあとで少し緩和する）．そのため，野手はボールの軌道を実際に見ることはできず，野手とバッターを含む鉛直面内で垂直にボールが打ち上げられ，そして落ちてくるのを見るだけである．野手にとってこのような難しい状況下で，自分のほうにボールが正しく飛んで来ていることを知らせる視覚的な手がかりがあるのだろうか？

この問いこそ，チャップマンが答えられると考えた問題です．

図 17.1 で，ϕ はグラウンドと野手のボールへの視線との角度，R は野手とバッターとの距離です（ここで R はボールが落下する点）．チャップマン

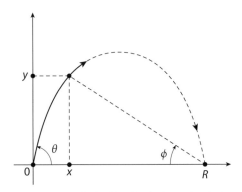

図 17.1 野手の場所に正しく飛んでくる打球

は結果を示しているだけで、途中の計算は一切書いていません（x と y の方程式の「ささやかな代数計算」だけで結果を書いている）。そこで、彼がどのような計算をしたかを次に説明しましょう。

まず、ボールが地面に着いた（つまり、野手がボールをキャッチした）ときの時間を $t=T$ とします。このとき、$y(T)=0$ なので

$$V\sin(\theta)T - \frac{1}{2}gT^2 = 0$$

これを $T>0$ に対して解くと

$$T = \frac{2V\sin(\theta)}{g}$$

です。この T を x の式に代入すれば、$x(T)=R$ より

$$R = \frac{2V^2\sin(\theta)\cos(\theta)}{g}$$

となります。

図 17.1 から、$0<t<T$ の時間に対して

$$\tan(\phi) = \frac{y}{R-x} = \frac{V\sin(\theta)t - \frac{1}{2}gt^2}{\frac{2V^2\sin(\theta)\cos(\theta)}{g} - V\cos(\theta)t} = \frac{t\left[V\sin(\theta) - \frac{1}{2}gt\right]}{V\cos(\theta)\left[\frac{2V\sin(\theta)}{g} - t\right]}$$

$$= \frac{t[2V\sin(\theta) - gt]\frac{1}{2}}{V\cos(\theta)\frac{1}{g}[2V\sin(\theta) - gt]}$$

$$= \frac{g}{2V\cos(\theta)}t$$

が成り立つので，次のような簡単な結果が求まります．

$$\tan(\phi) = (定数)t$$

つまり，ボールが落下してくる正しい位置に立っている野手にとって，ボールの瞬間的な位置に対する野手の視線の仰角がつくるタンジェントは時間とともに線形に増加します．

　さて，この美しい数学的結果が実際に意味するものを調べる前に，野手が運よくキャッチできる正しい位置に立っていた話ではなく，野手が初めは正しい位置に立っていないような，もっと現実的な場合を調べておきましょう．野手は自分とバッターを含む鉛直面内でボールを見ていますが，この野手はボールが落下する位置（R）から距離 s だけ離れている，つまり，時刻 $t=0$ で野手はバッターから $R-s$ か $R+s$ のどちらかの距離にいるとします．ここでは，野手がバッターに「近い（$R-s$）」場合を計算します．この場合，野手は原点から外側に（離れるように）走らなければなりません．なお，「遠い（$R+s$）」場合も，少しだけ式を変更して計算すれば，「近い」場合の結果と同じになることがわかります．

　野手の反応時間を τ としましょう．野手が走ろうと決断してから時刻 $t=T$ で位置 $x=R$ にちょうど着くように，一定の速さ v で走ったと仮定すれば

$$s = v(T - \tau)$$

です．時刻 $t \geq \tau$ で野手がいる場所は，水平軸に沿って測った座標 $(R-s) + v(t-\tau)$ の点だから，

$$\tan(\phi) = \frac{y}{(R-s) + v(t-\tau) - x}$$

と書けます．

$$s = vT - v\tau$$

を

$$\tau = \frac{vT - s}{v} = T - \frac{s}{v}$$

と書いて，tan(ϕ) の式に代入すると

$$\begin{aligned}
\tan(\phi) &= \frac{V\sin(\theta)t - \frac{1}{2}gt^2}{R - s + v\left(t - T + \frac{s}{v}\right) - V\cos(\theta)t} \\
&= \frac{t\left[V\sin(\theta) - \frac{1}{2}gt\right]}{\frac{2V^2\sin(\theta)\cos(\theta)}{g} - s + v(t - T) + s - V\cos(\theta)t} \\
&= \frac{t[2V\sin(\theta) - gt]\frac{1}{2}}{\frac{2V^2\sin(\theta)\cos(\theta)}{g} + v\left[t - \frac{2V\sin(\theta)}{g}\right] - V\cos(\theta)t} \\
&= \frac{\frac{1}{2}gt[2V\sin(\theta) - gt]}{2V^2\sin(\theta)\cos(\theta) + v[gt - 2V\sin(\theta)] - Vg\cos(\theta)t} \\
&= \frac{\frac{1}{2}gt\,[2V\sin(\theta) - gt]}{2V^2\sin(\theta)\cos(\theta) - v[2V\sin(\theta) - gt] - Vg\cos(\theta)t} \\
&= \frac{\frac{1}{2}gt[2V\sin(\theta) - gt]}{V\cos(\theta)[2V\sin(\theta) - gt] - v[2V\sin(\theta) - gt]} \\
&= \frac{\frac{1}{2}gt[2V\sin(\theta) - gt]}{[2V\sin(\theta) - gt][V\cos(\theta) - v]} \\
&= \frac{gt}{2[V\cos(\theta) - v]}
\end{aligned}$$

となるので，再び

$$\tan(\phi) = (定数)t$$

という結果になります．そのため，2つの新しい変数 s と τ の複雑さが付け加わっても，前と同じように，ボールの瞬間的な位置に対する野手の視線の仰角のタンジェントは時間とともに線形に増加します．

しかし，少し考えると，それが何なのだろうかと疑問に思うかもしれません．チャップマンは解析の最後に，次のようなことを書いています．

明らかに，野手はボールをキャッチするために三角関数の式を解いたり

はしない．私がここで示したかったことは，$\tan(\phi)$ ... の変化率が一定であるという単純な情報が，ボールをキャッチするために野手が正しい方向に正しい速さで走っていることを教えていることである．

しかし，この結果は，メイズが**ボールを後ろにして走り，キャッチする直前までボールを見ずにいる**ことをどう説明するのでしょうか？ さらに重大な欠点がチャップマンの解析にはあります．それは，空気抵抗が無視されていることです．「打球に対する空気力学的な力は比較的小さく，軌道には数パーセントの効果しかない」と（間違って）書いています．それは単純な誤りで，彼の x と y の方程式は初めから不完全です．方程式に空気抵抗の項を加える必要があります．これを考慮していない彼の $\tan(\phi)$ の式は美しくても，完全に誤りです．この美しい式は（真空の月面で野球をやらない限り）成り立ちません[4]．

注 釈

1) Vannevar Bush: "*Science Is Not Enough*", William Morrow & Company, 1967, pp.102-122 から引用．アメリカ野球殿堂のメンバーのメイズは，もちろん，1951 年から 1973 年までニューヨークとサンフランシスコジャイアンツ（それからニューヨークメッツ）での偉大なセンターでした．
2) Seville Chapman: "Catching a Baseball", *American Journal of Physics*, October 1968, pp.868-870.
3) これをタイプしているときに，カリフォルニア大学サンタバーバラ校の物理学教授ジー（Anthony Zee）が彼の著書 "*Einstein Gravity in a Nutshell*", Princeton University Press, 2013, p.501 で語っている話を思い出しました．それは，彼がプリンストンでの学部生の頃の思い出に浸っているときの話です．「私が 1 年生だったとき，プリンストン大学名誉教授のウィーラー（John Wheeler）が新入生たちの中から粒選りのグループを選び，彼らに実験（物理学というよりもむしろ教育という意味での）コースを始めるというアナウンスがありました．ウィーラーはいわば選民からヤギを分けるために，応募してきた学生たちに一連の質問をしました．今でも覚えているのは，多くの学生が正解できなかった次の問題です．

　投げ上げたボールの軌道の頂点で，加速度はゼロになるか？

　答えはもちろん「No」です．投げ上げたボールには，**常に下向きに** 1gee の加速度がはたらいているからです（ジーは正解だったと思うが）．したがって，チャップマンの問題も当然 $\frac{d^2y}{dt^2} = -g$ です．
4) チャップマンの解析（簡単ではない！）で，空気抵抗を正しく扱う方法については，

Peter J. Brancazio: "Looking into Chapman's Homer: The Physics of Judging a Fly Ball", *American Journal of Physics*, September 1985, pp.849–855 を参照．この論文は，野手へのビジュアルな合図が実際にどうなるかも，ある程度詳しく論じています．

第 18 章

ボール投げと射撃

Tossing Balls and Shooting Bullets Uphill

>この道はいつまでも曲がりくねった上り坂なの？
>ええ，ずっとね．
>この旅は 1 日かかるの？
>朝から夜まで，友よ．
>——物理を超越する上り坂の問題[1]

ペンシルバニア州の高校の物理教師が，体力的な適性を決める国のプロジェクトの一環として，上向きの斜面に向かってソフトボールを投げる体育の授業を見学していた[2]．学生たちの評価は，ボールが地面に当たる距離であると聞いたとき，教師は学生たちが誤って評価されていることに気づいた．彼は家に帰って，それについてもう少し考えた．

数年後，ノルウェーの高校の物理教師が，授業中に学生から尋ねられた．「上り坂で鹿をライフルで撃つとき，いつも銃口を高めにして撃つのは本当ですか？」[3]．クラスでの議論の結果，答えは「Yes」で，上り坂では高めに撃つ（そして，下り坂では低めに撃つ）という結論になった．しかし，教師は完全に正しいという自信がなかったので，家に帰ってから，それについてもう少し考えた．

これら 2 つの話は見かけ上は全く異なる状況ですが，実は同じ「シンプルな物理学」を含んでいて，高校教師が提起した 2 つの問題は，図 **18.1** を使えば，ともにモデル化できます．2 つの問題の核心を理解するのに必要

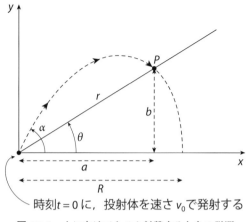

図 18.1 上に向けてトスや射撃するときの説明

な数学は，簡単な三角法と大学1年の微積分の知識だけです．2つの問題では，複雑な空気抵抗は無視し，運動中のボールや弾丸にはたらく力は重力だけとします．

ソフトボールの問題では，実際には R の値とすべきときに，r の値が学生の評価として記録されます．つまり，ボール投げ（トス）のための国の基準は，上向きの角度（$\theta > 0$）の傾斜面へのトスではなく，水平面上（$\theta = 0$）に対するトスで作られていました．ペンシルバニア州の教師の問題は，r と θ の測定値が与えられたとき，r と θ と α（**水平面に対して測った初期トスの角度**）を用いて，R を決定する公式を求めることでした．

射撃の問題では，ハンターは，水平射程距離でほぼターゲットに当たりそうだと思える特定の距離に（弾丸の落下を補うために）照準を合わせて，ライフルを発射します．ノルウェーの教師の問題は，弾丸が当たる点 P の位置に $\theta \neq 0$ がどのような影響を与えるかを決める問題です（$\theta > 0$ は上り坂での射撃モデル，$\theta < 0$ は下り坂での射撃モデル）．

解析を始めるために，**投射体**（ソフトボールや弾丸）の初めの速さを v_0 と書き，図 18.1 に示すような x, y 座標軸をとると，投射体の初めの（$t = 0$）速さの x 成分は

$$v_{0x} = v_0 \cos(\alpha)$$

で，y 成分は
$$v_{0y} = v_0 \sin(\alpha)$$
です．重力だけが投射体にはたらくので，速さの y 成分だけが影響を受け，x 成分は変わりません．そのため，重力加速度を g とすれば，時刻 $t \geq 0$ での投射体の速さ成分は
$$v_x(t) = v_{0x} = v_0 \cos(\alpha) = \frac{dx}{dt}$$
と
$$v_y(t) = v_{0y} - gt = v_0 \sin(\alpha) - gt = \frac{dy}{dt}$$
です．これら2つの式を時間について積分すれば，時刻 t での投射体の位置の座標は
$$x(t) = v_0 t \cos(\alpha)$$
と
$$y(t) = v_0 t \sin(\alpha) - \frac{1}{2} g t^2$$
です．投射体を投げだす位置は（どちらの問題も）原点だから，積分定数は $x(0) = y(0) = 0$ としています．

時間 t に対して $x(t)$ を解くと，次式を得ます．
$$t = \frac{x}{v_0 \cos(\alpha)}$$
この t を y の式に代入すれば，投射体に対して次のような**放物軌道の式**
$$y = x \tan(\alpha) - \frac{g}{2 v_0^2 \cos^2(\alpha)} x^2$$
が求まります（1638年にガリレオが発見したもの）．

投射体がぶつかる斜面上の点 P の x, y 座標は $x = a, y = b$ だから
$$a = r \cos(\theta), \quad b = r \sin(\theta)$$
で，これらを放物軌道の式に代入すると次式になります．

$$r\sin(\theta) = r\cos(\theta)\tan(\alpha) - \frac{g}{2v_0^2\cos^2(\alpha)}r^2\cos^2(\theta)$$

この式を r でくくって整理すると

$$r\left[\frac{g}{2v_0^2\cos^2(\alpha)}r\cos^2(\theta) + \sin(\theta) - \cos(\theta)\tan(\alpha)\right] = 0$$

となるので，自明な解 $r = 0$ を無視すればこのカッコの中がゼロになります．したがって

$$r = \frac{\{\cos(\theta)\tan(\alpha) - \sin(\theta)\}2v_0^2\cos^2(\alpha)}{g\cos^2(\theta)}$$

$$= \frac{\cos(\theta)\left\{\tan(\alpha) - \frac{\sin(\theta)}{\cos(\theta)}\right\}2v_0^2\cos^2(\alpha)}{g\cos^2(\theta)}$$

$$= \frac{\left\{\frac{\sin(\alpha)}{\cos(\alpha)} - \frac{\sin(\theta)}{\cos(\theta)}\right\}2v_0^2\cos^2(\alpha)}{g\cos(\theta)} = \frac{\left\{\sin(\alpha) - \frac{\sin(\theta)}{\cos(\theta)}\cos(\alpha)\right\}2v_0^2\cos(\alpha)}{g\cos(\theta)}$$

$$= \frac{\{\cos(\theta)\sin(\alpha) - \sin(\theta)\cos(\alpha)\}2v_0^2\cos(\alpha)}{g\cos^2(\theta)}$$

のような興味ある結果を得ます．この結果に（2つの角度の差に関する）三角関数の公式を使うと，次式になります．

$$\boxed{r = \frac{2v_0^2}{g\cos^2(\theta)}\cos(\alpha)\sin(\alpha - \theta)} \quad (A)$$

式 (A) は斜面に沿って測ったボールの距離を与えます．もし $\theta = 0$ ならば，$r = R$ なので，次のようになります．

$$\boxed{R = \frac{2v_0^2}{g}\cos(\alpha)\sin(\alpha)} \quad (B)$$

これは，水平面上でトスをしたのと同じです．式 (A) から

$$\frac{2v_0^2}{g} = \frac{r\cos^2(\theta)}{\cos(\alpha)\sin(\alpha - \theta)}$$

となるので，これを式 (B) に代入すればペンシルバニア州の高校物理教師の変換式として

$$R = r\frac{\cos^2(\theta)\sin(\alpha)}{\sin(\alpha-\theta)} \quad \text{(C)}$$

が求まります．

式 (C) を使うために，当然のことながら，投げる角度 α を最初に決める必要があります．

ベストな選択は，r を最大にする α の値で，これは r の α に関する微分をゼロにすることでわかります．これを計算すると，式 (A) から

$$\frac{dr}{d\alpha} = \frac{2v_0^2}{g\cos^2(\theta)}[\cos(\alpha)\cos(\alpha-\theta) - \sin(\alpha)\sin(\alpha-\theta)]$$
$$= \frac{2v_0^2}{g\cos^2(\theta)}\cos(2\alpha-\theta) = 0$$

となるので，

$$2\alpha - \theta = 90°$$

です．あるいは，角度 θ の斜面で最大の距離を与える α の値は

$$\alpha = 45° + \frac{1}{2}\theta$$

です．水平面（$\theta = 0°$）の場合，$\alpha = 45°$ がベストであることがわかります．しかし，（例えば）$2°$ の傾きがあると，少しだけ大きめの $\alpha = 46°$ がベストになります．それで，ある学生が $2°$ だけ上方にトスして $r = 200$ フィートの距離に達したとすれば，全国比較のために記録すべき値は

$$R = 200\frac{\cos^2(2°)\sin(46°)}{\sin(44°)}\text{フィート} = 207\text{フィート}\;（\text{約}\,63\,\text{m}）$$

で，これはかなりの修正値です．

それでは，ノルウェーの物理教師の問題に移りましょう．式 (B) に戻り，ライフルが距離 R にある標的を正確に当てるために水平射程距離で狙う場合，ライフルは水平より次の角度 ϕ

$$\cos(\phi)\sin(\phi) = \frac{Rg}{2v_0^2} = \frac{1}{2}\sin(2\phi)$$

だけ上に向けなければなりません．つまり，

第 18 章　ボール投げと射撃

$$\sin(2\phi) = \frac{Rg}{v_0^2}$$

です．図 18.1 を見ればわかるように，$\theta = 0$ の特別な場合，ϕ は α です．角度 ϕ は一般に大きくありません．例えば，".30-06 弾"を使用するボルトアクション方式の狩猟ライフルは，約 2,500 フィート/秒（約 760 m/s）の銃口速度をもっているので，$R = 200$ ヤード（600 フィート（約 180 m））にある標的に対して，仰角 ϕ は

$$\phi = \frac{1}{2}\sin^{-1}\left\{\frac{Rg}{v_0^2}\right\} = \frac{1}{2}\sin^{-1}\left\{\frac{600 \times 32.2}{2500^2}\right\} = 0.089°$$

です．

さて，上向きに発砲する場合，ライフルは角度 β だけ銃口を上げているとします．そして，r の値は依然として R で，ライフルが水平な射撃面上で（角度 ϕ で）狙える距離であると仮定します．この場合，β は ϕ と比べると，どのようになるでしょう？

$\alpha = \theta + \beta$ なので，式 (A) は

$$r = \frac{2v_0^2}{g\cos^2(\theta)}\cos(\theta + \beta)\sin(\beta)$$

一方，R は

$$R = \frac{v_0^2}{g}\sin(2\phi)$$

だから，$R = r$ と置くと

$$\sin(2\phi) = \frac{2\cos(\theta + \beta)\sin(\beta)}{\cos^2(\theta)}$$

です．これを

$$\frac{1}{2}\sin(2\phi)\cos(\theta) = \frac{\{\cos(\theta)\cos(\beta) - \sin(\theta)\sin(\beta)\}\sin(\beta)}{\cos(\theta)}$$

$$= \cos(\beta)\sin(\beta) - \tan(\theta)\sin^2(\beta)$$

$$= \frac{1}{2}\sin(2\beta) - \tan(\theta)\sin^2(\beta)$$

と変形すると，最終的に

$$\sin(2\beta) = \sin(2\phi)\cos(\theta) + 2\tan(\theta)\sin^2(\beta) \tag{D}$$

となります.

式 (D) にはたくさんの情報が含まれています.まず $\theta = 0$(水平射程距離)であれば,$\tan(\theta) = 0$ と $\cos(\theta) = 1$ より $\beta = \phi$ となることに気づいてください.これは予想通りの結果です.また,$\theta \neq 0$ であれば,$\theta = 0$ に関して $\cos(\theta)$ は偶関数で,$\tan(\theta)$ は奇関数なので,$\theta > 0$(上向きの射撃)の場合 $\sin(2\beta)$ は「$\sin(2\phi)\cos(\theta)$ + 補正項」で,$\theta < 0$(下向きの射撃)の場合 $\sin(2\beta)$ は「$\sin(2\phi)\cos(\theta)$ − 補正項」です.つまり,斜面上で射撃手から同じ距離 R にある標的を狙っている射撃手にとって,仰角 β の大きさは上向きに発砲するか下向きに発砲するかによって異なります.

しかし,高速ライフルの仰角は小さいので,補正項も小さくなります(β が小さければ $\sin(\beta)$ も小さく,$\sin^2(\beta)$ はもっと小さい).このため,微小な補正項を完全に無視すると

$$\sin(2\beta) = \sin(2\phi)\cos(\theta)$$

のように,簡単になります.これからすぐに $\beta < \phi$ とわかります.例えば,前述した銃口速度 2,500 フィート/秒の".30-06"ライフルの場合,35° の斜面上で,600 フィート離れた標的を狙うとき,仰角は

$$\beta = \frac{1}{2}\sin^{-1}\left\{\frac{Rg}{v_0^2}\cos(35°)\right\} = \frac{1}{2}\sin^{-1}\left\{\frac{600 \times 32.2}{2,500^2} \times 0.81915\right\} = 0.0725°$$

です.この仰角の減少は必要です.なぜなら,水平射撃に対して前に計算した仰角 ϕ を使う人が,傾斜した射撃で標的を撃つとオーバーショットになるからです.では,射撃手は大きくオーバーショットするでしょうか? 答えは「Yes」です.

これを確かめるために,別の方法でこの問題にアプローチしてみます.上記の最後の計算は,水平射撃の仰角 ϕ で標的を狙ったときの距離と同じ距離にある,斜面上の標的を狙う場合の仰角 β を見つけることでした.今度は,傾斜射撃で仰角 ϕ を使うとして,弾丸が斜面に当たる距離 r を計算します.$\alpha = \theta + \phi$ だから,式 (A) より

$$r = \frac{2v_0^2}{g\cos^2(\theta)} \cos(\theta + \phi) \sin(\phi)$$

です．これに式 (B) の条件

$$\frac{v_0^2}{g} = \frac{R}{2\cos(\phi)\sin(\phi)}$$

を使えば，r の式は

$$r = \frac{\cos(\theta + \phi)}{\cos(\phi)\cos^2(\theta)} R$$

となります．$\theta = 35°$ と $\phi = 0.089°$ の場合，

$$r = \frac{\cos(35.089°)}{\cos(0.089°)\cos^2(35°)} R = \frac{0.81826}{(1)(0.671)} R = 1.22R$$

です．$R = 600$ フィートなので，$r = 732$ フィートはかなり大きなオーバーショットです．これは，上り坂の場合と下り坂の場合のどちらにも当てはまります．そのため，物理教師の授業は上り坂での結論は正しかったが，下り坂での結論は間違っていたことになります．

　本章で議論した問題の歴史に関する注釈をいくつか述べて，本章を終えたいと思います．斜面上での射撃の問題は，ノルウェーやコネチカット州の高校の物理授業ではなく，1640 年代初頭，イタリアの数学者トリチェッリ（Evangelista Torricelli（1608-1647 年））に起源をもつ非常に古いものです．角度 θ の斜面上で最大距離を与える α の値は

$$\alpha = 45° + \frac{1}{2}\theta$$

で，これはニュートンの友人ハレー（Edmund Halley（第 14 章の注釈 2 を参照））が半世紀後に見つけたもので，学術専門誌 *Philosophical Transactions of the Royal Society*（1695 年）に掲載されました．そのなかで彼は，この結果を次のようなエレガントな方法で表しています．

$$\alpha = 45° + \frac{1}{2}\theta = \theta + \frac{1}{2}(90° - \theta)$$

と書けることに注目して，斜面上での最大射程範囲は，斜面と鉛直で作られる角度を 2 等分した角度で射撃すれば得られると述べています．

注　釈

1) これらの言葉は，クリスティーナ・ロセッティ（Christina Rossetti (1830-1894 年)）の 1861 年の詩 "Up-Hill" の冒頭の句です．彼女はビクトリア朝時代の有名な英国詩人です．
2) Joseph C. Baiera: "Physics of the Softball Throw", *The Physics Teacher*, September 1976, pp.367-369.
3) Ole Anton Haugland: "A Puzzle in Elementary Ballistics", *The Physics Teacher*, April 1983, pp.246-248.

第 19 章

大圏コースで超高速の旅を

Rapid Travel in a Great Circle Transit Tube

> 私が旅するのは，どこかに行くためではなく，どこにでも，とにかく行くのが目的なのです．私は旅のために，旅する．大事なのは動くことです．
> ——ロバート・ルイス・スティーブンソンによる 1878 年『ロバと旅』より．この解析では，ロバよりもはるかに速く動く，地上移動の手段を研究します．

1890 年代後半，「空想科学小説」（SF）のファンタスティックなテーマの 1 つは，惑星（地球とは限らない）に真っ直ぐなトンネルを掘って，都市から都市に高速で旅行することでした（1864 年のジュール・ベルヌ（Jules Verne（1828-1905 年））による小説『地底旅行（*A Journey to the Center of the Earth*）』は，登場人物が地底の目的地まで行くという話で，SF というよりもロマンティックなファンタジー小説でした）．このテーマの最も極端な形は，1929 年の小説 "*The Earth-Tube*" に描かれた「中国への穴」の少年の夢の物語です．それは，地球の直径に沿って掘ったトンネルで，もう一方の穴から出てくるという話です．もっと現実的な話は，例えば，ニューヨークとフィラデルフィアを結ぶ地下に掘った直線のトンネルで，最深部の深さはちょうど 1,200 フィート（約 370 m）です[1]．

1953 年には，より現実的な交通システムの概念も提案されましたが[2]，多くの注目を集めたとは思えません．しかし，62 年後の現在（いま書いているように），私はこの概念がかなり興味深いものであることに気づきました．当時には早すぎる話だったのです．ここでの数学的な解析はかなり難しく，本書の中で最もチャレンジングな章になりますが，頑張ってついてくれ

ば，きっと価値のあったことがわかるはずです．

「平面上の2点をつなぐ最短の経路はなにか」と問われれば，「直線だ」と即座に答えるでしょう．でも，表面が平面でなくて，曲面（例えば地球の表面）だったら，同じ質問に対して，あなたは何と答えるでしょう．直線の経路は地球を**通る**トンネルですが，この場合，そのようなルートを取りません．答えは**大圏**です．つまり，2点**と球の中心**を通る平面が地球表面と交差して作る曲線です．もちろん，球面上にはそのような2点を結ぶ曲線は**2つ**ありますが，ここで話しているのは，2つのうち短いほうの線です．この線[3]を数学者は大圏とよびます．大圏コースは航空会社にとって最も関心があるものです．なぜなら，飛行時間を最短にでき，燃料費を抑えられるからです．

具体的に，ニューヨークからオーストラリアのメルボルンまで旅行するとします．10,000マイル（約16,000 km）程度の大圏コース上をほぼ地球を半周するくらい飛びます．この旅行を民間旅客機で行えば，20時間のかなり疲れる長旅ですが，もし44分間で地上をそれほど離れずに（ロケットの旅を含まないで）旅行できれば，どうでしょう？ これはちょっとしたものになると思いませんか？「シンプルな物理学」（と少しの数学）で，これが科学的な観点から可能であることを示せます．もちろん，運賃は安くありませんが．

乗客の乗り物が最初から最後まで大きな円軌道（大圏）に沿って動けるような，高架上の輸送チューブ（内部は真空）を想像してください．この**高架上のチューブ**とは，地球表面から高さ数十フィートのタワーで支えられているチューブのことです．このあとすぐにわかるように，乗り物は**毎秒数マイル**の速さで動くので，チューブ内は真空になっています．大圏コースの価値は，地表の最短経路であるという経済的なものの他に，乗り物と乗客にはたらく重力と遠心力がいつも動径方向である（ただし，当然ながら逆向き）という**数学的**な事実です．もちろん，乗り物にはたらく3つ目の力があります．それは乗り物をチューブに沿って推進させる力で，地表に対して**接線方向**に $\frac{d^2s}{dt^2}$ の加速度を生じます．ただし，**自転している**地球の影響は無視します．

図19.1は，点AとBをつなぐチューブと地球を表しています．球の対

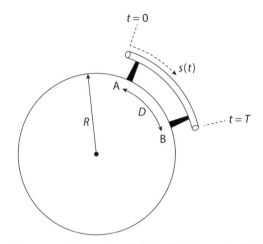

図 19.1 回転していない地球上の輸送チューブの説明
（スケールは無視）

称性から，一般性を失わずに，キューブの配置が常に図のようになるように，球の位置を決めることができます．もし乗り物が A から B まで移動した時刻 t での距離を $s(t)$ とすれば，$s(0) = 0$ であり，乗り物の速さは

$$v = \frac{ds}{dt}$$

となります．ここで，$v(0) = 0$ です．つまり，乗り物はその旅行を「静止状態から」始めます（物理の先生がよくやる方法）．さらに，A と B との距離を D，全行程の時間を T とすれば，$s(T) = D$ です．

図 19.2 も地球の図ですが，3 つの加速度ベクトルを加えています．この図に使われている時間微分の記号は**ドット記法**で，偉大なニュートンが微分積分学を作るときに導入したもので，

$$\dot{s} = \frac{ds}{dt}$$

と

$$\ddot{s} = \frac{d^2 s}{dt^2} = \frac{d\dot{s}}{dt}$$

です．このドット記法はエピローグの章でも使うので，しっかり覚えてください．

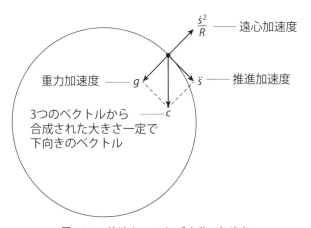

図 19.2 輸送チューブの乗り物の加速度

（チューブが設置してある）地表での地球の重力加速度を g とすると，乗り物にはたらく正味の内向き加速度は

$$g - \frac{v^2}{R} = g - \frac{1}{R}\left(\frac{ds}{dt}\right)^2 = g - \frac{1}{R}\dot{s}^2$$

です．R は地球の半径です．4番目のベクトル，つまり，大きさ c で下向き（**下向き**という意味は次節の最後を参照）の加速度ベクトルが図19.2に描かれていることに気づくでしょう．加速度ベクトルは，重力と遠心力と推進力の3つのベクトルを合成したもので，この合成ベクトルは一定の大きさをもち，**常に真下を指すように定義**されます．$s(t)$ がこのような拘束条件によって決まることが，次節でわかります．

アレンはベクトル **c** の大きさを 40 フィート/s^2 としました[2]．これは 1 gee（160 ポンドの人は 200 ポンドのように感じる）よりもちょうど 25% 大きい値で，ジェットコースターで経験するよりもずっと小さな値です．つまり，輸送チューブでの比較的短い旅行は，健康な人だったら容易に耐えられる値です．長距離旅行の場合は，ベクトル **c** はかなり大きな角度で回転します．そのため，乗客のシートが回転するようになっていれば，乗客は静止状態になる向きを保ったままで，**乗り物**だけが乗客の周りで回転します．短距離旅行の場合（例えば，ニューヨークからボストンまでの旅），回転の効果はほとんど現れないので，乗客はフックに吊るされたドライクリーニング

第19章　大圏コースで超高速の旅を

のような冷遇を受けねばなりません．

解析を始めるために，まずピタゴラスの定理から次式を作ります．

$$\boxed{(\ddot{s})^2 + \left(g - \frac{1}{R}\dot{s}^2\right)^2 = c^2} \qquad (A)$$

加速度 $\dot{s}$ の微分はチェインルールで（詳細は微積分の本を参照）

$$\ddot{s} = \frac{d\dot{s}}{dt} = \left(\frac{d\dot{s}}{ds}\right)\left(\frac{ds}{dt}\right) = \frac{d\dot{s}}{ds}\dot{s}$$

と書けるので，式 (A) は

$$\left(\frac{d\dot{s}}{ds}\dot{s}\right)^2 + \left(g - \frac{1}{R}\dot{s}^2\right)^2 = c^2$$

となります．この式を微分 ds に対して解けば

$$ds = \frac{\dot{s}\,d\dot{s}}{\sqrt{c^2 - \left(g - \frac{1}{R}\dot{s}^2\right)^2}}$$

なので，これを**不定積分**すれば

$$s + k = \int \frac{\dot{s}\,d\dot{s}}{\sqrt{c^2 - \left(g - \frac{1}{R}\dot{s}^2\right)^2}}$$

となります．当面，k は不定定数としますが，あとで具体的に決めます．右辺の積分を「実行する」ために，まず積分変数 $\dot{s}$ を x に変えます（s の上にドットを置く必要がなくなるだけで，他は何も変わらない）．つまり

$$\int \frac{\dot{s}\,d\dot{s}}{\sqrt{c^2 - \left(g - \frac{1}{R}\dot{s}^2\right)^2}} = \int \frac{x\,dx}{\sqrt{c^2 - \left(g - \frac{1}{R}x^2\right)^2}}, \quad x = \dot{s}$$

です．ここで，変数 x をもう一度

$$u = g - \frac{1}{R}x^2$$

のように u に変える．

$$\frac{du}{dx} = -\frac{2x}{R}$$

より

$$dx = -\frac{R}{2x}du$$

と書けるので，積分は

$$\int \frac{x\,dx}{\sqrt{c^2 - \left(g - \frac{1}{R}x^2\right)^2}} = -\frac{R}{2}\int \frac{du}{\sqrt{c^2 - u^2}} = -\frac{R}{2}\sin^{-1}\left(\frac{u}{c}\right)$$

となります．ここで最右辺の式は積分公式集を見ればわかります（これが最も簡単に「積分をする」方法である）[4]．

いま，

$$u = g - \frac{1}{R}x^2 = g - \frac{1}{R}\dot{s}^2$$

だから，

$$s + k = -\frac{R}{2}\sin^{-1}\left(\frac{g - \frac{1}{R}\dot{s}^2}{c}\right)$$

という結果になります．

いよいよ，この辺で k が何であるか答えなければなりません．輸送チューブを使った旅行の出発点（$t = 0$）は $s(0) = 0$ です．そして，**静止状態から**出発するので $\dot{s}(0) = 0$ です．この2つの条件（初期条件）から

$$k = -\frac{R}{2}\sin^{-1}\left(\frac{g}{c}\right)$$

となるので，次式を得ます．

$$\boxed{s(t) = \frac{R}{2}\left[\sin^{-1}\left(\frac{g}{c}\right) - \sin^{-1}\left(\frac{g - \frac{1}{R}\dot{s}^2}{c}\right)\right]} \quad (B)$$

解析はまだ終わっていませんが，記号が多いので迷子にならないように，ここで少し休んで，式 (B) が何を語っているかを説明しましょう．式 (B) から時刻 t での乗り物の速さ $\dot{s}(t)$ を，時刻 t までに移動する距離 $s(t)$ の関数として解くことができます．その結果は

$$\dot{s}(t) = \sqrt{R}\sqrt{g - c\sin\left\{\sin^{-1}\left(\frac{g}{c}\right) - \frac{2}{R}s(t)\right\}} \qquad (C)$$

のようになります．(式 (C) が次元的に正しい式であることを，つまり，右辺は「長さ÷秒」の単位を含んでいることを確認するように)．この結果を使うと，輸送チューブの中を走る乗り物の最大の速さは次のように計算できます．

旅程の**対称性**を考えます．乗り物は $s=0$ の A を出発し，乗客を一定な下向きの加速度 c でシートに押しつけるように加速します．加速は旅程の半分の $s=\frac{1}{2}D$ まで続きます．この地点で乗り物の速さは最大になります．乗り物はそこから時刻 $t=T$ で $s=D$ に停止するように減速されます．減速する際の加速度は，旅程の前半分での加速度と同じ大きさで向きが逆なので，それに負符号をつけたものになります．これは，$t=\frac{1}{2}T$ のとき $s=\frac{1}{2}D$ であることを意味します．そのため，式 (C) で $s=\frac{1}{2}D$ と置けば，$\dot{s}(t)$ は最大の値になります．数値 $c=40$ フィート/s^2 (約 $12\,\mathrm{m/s^2}$)，$g=32.2$ フィート/s^2 (約 $9.8\,\mathrm{m/s^2}$)，$R=3{,}960$ マイル $=2.09\times 10^7$ フィート (約 $6{,}400\,\mathrm{km}$)，$s=\frac{1}{2}D=5{,}000$ マイル $=2.64\times 10^7$ フィート (約 $8{,}000\,\mathrm{km}$) (ニューヨークからオーストラリアのメルボルンまでの旅行) を代入すると，$\dot{s}_{最大}=38{,}830$ フィート/s $=7.35$ マイル/s (約 $12\,\mathrm{km/s}$) です．

これはかなりの速さです．当然ですが，輸送チューブの乗客は時速 26,000 マイル (約 $42{,}000\,\mathrm{km/h}$) 以上の速さで動いていることを知ったら，誰でも興奮するし，愉しむでしょう．しかし，輸送チューブを利用しようと思う人がもつ質問は (1) 運賃と (2) 所要時間の2つでしょう．1番目の質問は経済学の領域で，物理学ではありません．しかし，2番目の質問は数学なので，次のように答えることができます．

式 (A) から

$$\left(\frac{d\dot{s}}{dt}\right)^2 = c^2 - \left(g - \frac{1}{R}\dot{s}^2\right)^2$$

となるので，これを

$$dt = \frac{d\dot{s}}{\sqrt{c^2 - \left(g - \frac{1}{R}\dot{s}^2\right)^2}}$$

のように変形してから，積分すれば

$$\int dt = \int \frac{d\dot{s}}{\sqrt{\left\{c - \left(g - \frac{1}{R}\dot{s}^2\right)\right\}\left\{c + \left(g - \frac{1}{R}\dot{s}^2\right)\right\}}}$$

となります．積分の範囲が省かれていることに注意してください．すぐあとでこれらを決めます．さて，先ほど変数記号を簡単にするために使った置き換え $x = \dot{s}$ を再び用いると，次式のようになります．

$$\boxed{\int dt = \int \frac{dx}{\sqrt{\left\{c - \left(g - \frac{1}{R}x^2\right)\right\}\left\{c + \left(g - \frac{1}{R}x^2\right)\right\}}}, \quad x = \dot{s}} \quad \text{(D)}$$

次に，x を次式で定義される ϕ で変数変換します．

$$x = \sqrt{R(c+g)}\cos(\phi)$$

この定義はミステリアスに見えるに違いありません．どのような変換でも好きなように自由にできるのに，なぜこの形を選ぶのか？ 簡単に答えると，最終結果を既存の積分にしてくれるからです．

この変換を用いると，式 (D) のルート内の 1 つの項は次式のような形になります．

$$g - \frac{1}{R}x^2 = g - \frac{R(c+g)}{R}\cos^2(\phi) = g - (c+g)\cos^2(\phi)$$
$$= g\sin^2(\phi) - c\cos^2(\phi)$$

また

$$\frac{dx}{d\phi} = -\sqrt{R(c+g)}\sin(\phi)$$

なので，式 (D) に戻って，少し計算をすれば，次式を得ます．

$$\int dt = -\sqrt{R(c+g)}$$
$$\times \int \frac{\sin(\phi)\,d\phi}{\sqrt{\{c - g\sin^2(\phi) + c\cos^2(\phi)\}\{c + g\sin^2(\phi) - c\cos^2(\phi)\}}}$$
$$= -\sqrt{R(c+g)}$$
$$\times \int \frac{\sin(\phi)\,d\phi}{\sqrt{\{c[1+\cos^2(\phi)] - g\sin^2(\phi)\}\{c[1-\cos^2(\phi)] + g\sin^2(\phi)\}}}$$
$$= -\sqrt{R(c+g)}$$
$$\times \int \frac{\sin(\phi)\,d\phi}{\sqrt{\{c[2-\sin^2(\phi)] - g\sin^2(\phi)\}\{c\sin^2(\phi) + g\sin^2(\phi)\}}}$$
$$= -\sqrt{R(c+g)} \int \frac{\sin(\phi)\,d\phi}{\sqrt{\{2c - c\sin^2(\phi) - g\sin^2(\phi)\}(c+g)\sin^2(\phi)}}$$
$$= -\sqrt{R} \int \frac{d\phi}{\sqrt{2c - (c+g)\sin^2(\phi)}} = -\frac{\sqrt{R}}{\sqrt{2c}} \int \frac{d\phi}{\sqrt{1 - \left(\frac{c+g}{2c}\right)\sin^2(\phi)}}$$

そこで，次式のように定数 k^2 を定義すると

$$\int dt = -\sqrt{\frac{R}{2c}} \int \frac{d\phi}{\sqrt{1 - k^2\sin^2(\phi)}}, \quad k^2 = \frac{c+g}{2c}$$

となります．

　この時点で，積分区間の問題を避けることはできません．両積分の上下限を得る方法を示します．$t = 0$ のとき，$\dot{s} = 0$ です．いま $x = \dot{s}$ なので，$t = 0$ で $x = \sqrt{R(c+g)}\cos(\phi) = 0$ から $\cos(\phi) = 0$ となります．つまり，$t = 0$ のとき $\phi = \frac{\pi}{2}$ です．一方，旅程が半分になったとき，つまり，$t = \frac{T}{2}$ のときの値を ϕ_1 とすると，$\dot{s}$ はこの時間のときに最大になるから

$$\dot{s}_{最大} = \sqrt{R(c+g)}\cos(\phi),$$

より

$$\phi_1 = \cos^{-1}\left\{\sqrt{\frac{\dot{s}_{最大}^2}{R(c+g)}}\right\}$$

が成り立ちます[5]．式 (C) に $s = \frac{D}{2}$ を代入して 2 乗すれば，$\dot{s}_{最大}^2$ が

$$\dot{s}_{最大}^2 = R\left[g - c\sin\left\{\sin^{-1}\left(\frac{g}{c}\right) - \frac{D}{R}\right\}\right]$$

で与えられます．積分区間を入れて計算すると

$$\int_0^{T/2} dt = \frac{T}{2} = -\sqrt{\frac{R}{2c}} \int_{\pi/2}^{\phi_1} \frac{d\phi}{\sqrt{1 - k^2 \sin^2(\phi)}}$$

となるので，この定積分は最終的に

$$\boxed{\begin{aligned}
T &= \sqrt{\frac{2R}{c}} \left[\int_0^{\pi/2} \frac{d\phi}{\sqrt{1 - k^2 \sin^2(\phi)}} - \int_0^{\phi_1} \frac{d\phi}{\sqrt{1 - k^2 \sin^2(\phi)}}\right] \\
k^2 &= \frac{c + g}{2c} \\
\dot{s}_{最大}^2 &= R\left[g - c\sin\left\{\sin^{-1}\left(\frac{g}{c}\right) - \frac{D}{R}\right\}\right] \\
\phi_1 &= \sin^{-1}\left\{\sqrt{1 - \frac{\dot{s}_{最大}^2}{R(c+g)}}\right\}
\end{aligned}}$$

(E)

のように書くことができます．

$R = 2.09 \times 10^7$ フィート，$c = 40$ フィート/s^2，そして $g = 32.2$ フィート/s^2 に対して，$\sqrt{\frac{2R}{c}} = 1{,}022$ 秒と $k^2 = 0.9025$（$k = 0.95$）であることがわかります．また，前に見たように，$D = 10{,}000$ マイル（約 $16{,}000$ km）（オーストラリアのメルボルンとニューヨーク間の旅行）に対して，$\dot{s}_{最大} = 38{,}830$ フィート/s（約 $12{,}000$ m/s）だったから，$\phi_1 \approx 0$ です．さて，式 (E) の両積分は**第 1 種楕円積分**というもので，（2 つのパラメータ k と上限の角度をもつ）全く新しい関数です．これらは，指数関数や三角関数，平方根（あるいは冪）などの「初等」関数では表すことができません．これらの値は数値（数表に載っている）を調べるか，必要に応じて計算機で数値計算しなければなりません．私はネット上の無料計算機[6]を使いました．そして，$T = 1{,}022(2.59 - 0)$ 秒 $= 2{,}647$ 秒 $= 44.1$ 分 という結果を得ました．これは，ジェット機内に 20 時間も閉じ込められたままの不快さから，あなたを解放してくれます．

表 19.1　輸送チューブの所要時間

A	B	D (マイル)	$\dot{s}_{最大}$ (マイル/秒)	T (分)
ミンスク	北京	1,814	3.22	20.3
パリ	モスクワ	1,550	2.94	18.8
パリ	ベルリン	546	1.64	11.3
ロンドン	パリ	213	0.99	6.9

　これは愉しいでしょう？　しかし，誰が**本当に**ニューヨークとオーストラリアのメルボルンの間に大圏輸送チューブを作ろうとするでしょうか．2つの都市の間にある**深い大洋**を考えればわかるように，かなり頑丈な支持台がなければなりません．これよりも可能性がありそうなのは，ボストン－ニューヨーク－ワシントン DC をつなぐ輸送チューブです．なぜなら，陸上に輸送チューブを建設できるからです．それに，輸送チューブを支える真っ直ぐな支持台（あるいは，掘削した浅い地下を通るトンネル）が建設可能だからです．

　多くの人は定期的にアメリカの西海岸と東海岸の間を旅行します．例えば，ニューヨーク－ロサンゼルス間（2,450 マイル（約 3,900 km））の輸送チューブ旅行は，民間ジェット機の 300 分以上の長旅に対して，たった 23.2 分，最高速度は 3.84 マイル/秒（約 6 km/s）です．そして，もしあなたが計算機をもっていれば，4つ以上の例をチェックできます．

　表 19.1 の値から，ロシア人と中国人の旅行者が最初に利用したくなるはずです．特に，ロンドン－パリ間の輸送チューブとユーロスターとの比較は印象的です．ユーロスターはロンドン－パリ間を 135 分で走りますが，輸送チューブを使えば，10 時ちょうどにロンドンにいたあなたは，10 時 7 分にはパリにいます．これは実に素晴らしい！

　最後に「宿題」として，この輸送チューブとサンフランシスコ－ロサンゼルス間で提案されている高速システム（いわゆるハイパーループ）との比較も面白いでしょう[7]．

注　釈

1) このようなトンネルに関する数学的な議論（と歴史的な注釈）は拙著 "Mrs.

Perkins's Electric Quilt", Princeton University Press, 2009, pp.203-214 を参照.

2) William A. Allen: "Two Ballistic Problems for Future Transportation", *American Journal of Physics*, February 1953, pp.83-89. これは,初級レベルの学生が読むには難しい論文です.これには $\int_0^s f(s)\,ds$ のような項をもった方程式が含まれています.経験を積んだ人にはこの意味はわかりますが,初めて微積分学を学ぶ人にはナンセンスでしょう.(積分変数 s が 0 から s まで変わること自体,全く意味がわからないだろう).私がここに与えた説明は,アレンの説明を拡張したものに,少しだけ違った計算を加えたものですが,結果は変わりません.

3) 唯一の例外は,2つの点が球の直径の端にある場合です.そのときは無限個の大圏コースがあるので,すべて赤道円周の半分の長さに等しくなります.

4) この「方法」がうまくいくかは,もちろんあなたの積分公式集に,この特殊積分が載っているかによります.そうでなければ,あなた自身でこの積分を解かねばなりません.積分計算に関する様々な歴史は,例えば,拙著 "*Inside Interesting Integrals*", Springer, 2015 および George Boros and Victor Moll: "*Irresistible Integrals*", Cambridge University Press, 2004 を参照.

5) アレンの論文では $\phi_1 = \sin^{-1}\left\{\sqrt{1 - \frac{\dot{s}_{\text{最大}}^2}{R(c+g)}}\right\}$ となっていますが,これら 2 つの式が等価であることを示すのは簡単です.(**ヒント**:ϕ_1 を鋭角の 1 つにもった直角三角形を描いて,ピタゴラスの定理を使い,そしてサインとコサインの定義を使う.)しかし,アレンの式のほうがよいです.なぜなら,ϕ_1 がゼロに非常に近い場合,丸め誤差の影響をあまり受けないように保証されているからです.

6) http://keisan.casio.com/exec/system/1244989500. 楕円積分は物理学の応用のいろいろなところに現れますが,「シンプルな物理学」にも,ここで見たように現れます(物理学で現れる楕円積分に関しては,拙著 *Inside Interesting Integrals*(注釈 4 を参照), pp.212-219 を参照).本書の第 22 章で楕円積分を使う問題が出てきますが,それはこの輸送チューブ問題よりもずっとシンプルな問題です.

7) James Vlahos: "Hyped Up", *Popular Science*, July 2015, pp.32-39.

第 20 章

空中を飛ぶ

Hurtling Your Body through Space

> 臆病者は逃げるが，勇敢な男の選択は危険である．
> ——ユーリピデス（紀元前 400 年頃）は，その勇敢さが
> しばしば若者をむだ死にさせると付け加えたかもしれない．

　人々はいつもばかげたことをしてきました．マンモスに槍を投げて，怒り狂った獣たちから逃れるために一心不乱に走ったり，足首に細い伸縮自在なコードを結びつけて，高さ 500 フィート（約 150 m）から飛び降りて，499（501 ではなくて）フィートのところで静止して，そこから引っ張り上げられたり．本章では，バンジージャンプに加えて，やや危険性は劣るけれども，普通の人が空中を飛ぶ 2 つの行動を解析します．1 つは，危険な湿った沼地の上を素早く動くために，吊るされたロープからスイングする「ターザン」（とりわけインディー・ジョーンズは私たちの結果に興味をもつだろう！）．もう 1 つはスキージャンプ．これら 3 つの話題に対する解析では，すでに本書の前のほうで用いた多くの「シンプルな物理学」を使いますが，新しい内容も登場します．

スキージャンプ

　この問題が 3 つの問いの中で最も簡単なもので，図 20.1 にスキージャンプの様子が描かれています．スキーヤーが滑走路の端まで下向きに加速して，速さ v_0，角度 α で飛び出せるように，滑走路の端は少しだけ上向きの

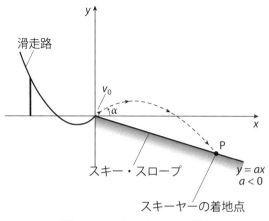

図 20.1 スキージャンプの説明

曲面になっています．スキーヤーはスキー・スロープ上の点 P に着地するまで，放物軌道（図 18.1 を参照）を描いて空中を飛びます．図のように，スキー・スロープは原点から始まり，負の勾配 a をもっています．ここでの問いは次のものです．

> ジャンプの距離が最大になる角度 α は，いくらか？（つまり，できるだけ点 P の x 座標を大きくしたい）[1]．ただし，空気抵抗は無視して，重力だけがはたらいているとする．

第 18 章で，速さ v_0，角度 α で原点から飛び出す物体の放物軌道は

$$y = x\tan(\alpha) - \frac{g}{2v_0^2 \cos^2(\alpha)} x^2$$

であることを書きました．スキーヤーは点 P でスキー・スロープ（方程式 $y = ax$ で表される直線）上に着地するので，点 P の x 座標を与える式は

$$ax = x\tan(\alpha) - \frac{g}{2v_0^2 \cos^2(\alpha)} x^2$$

となります．これを

$$\frac{g}{2v_0^2 \cos^2(\alpha)} x^2 = x[\tan(\alpha) - a]$$

と書いて，x について解くと，自明の解 $x = 0$ の他に

第 20 章 空中を飛ぶ | 185

$$x = \frac{2v_0^2 \cos^2(\alpha)[\tan(\alpha) - a]}{g} = \frac{2v_0^2 \cos^2(\alpha)\left[\frac{\sin(\alpha)}{\cos(\alpha)} - a\right]}{g}$$

$$= \frac{2v_0^2}{g}\left[\cos(\alpha)\sin(\alpha) - a\cos^2(\alpha)\right]$$

があります．この x を α で微分すると

$$\frac{dx}{d\alpha} = \frac{2v_0^2}{g}\left[\{\cos^2(\alpha) - \sin^2(\alpha)\} + a\{2\cos(\alpha)\sin(\alpha)\}\right]$$

ですが，右辺のカッコ内の1番目のペアは $\cos(2\alpha)$，2番目のペアは $\sin(2\alpha)$ と書けることに注意すれば

$$\frac{dx}{d\alpha} = \frac{2v_0^2}{g}[\cos(2\alpha) + a\sin(2\alpha)]$$

となります．この式の左辺がゼロのとき x は最大になります．したがって，右辺をゼロと置くと，x の最大値は

$$\frac{\sin(2\alpha)}{\cos(2\alpha)} = \tan(2\alpha) = -\frac{1}{a}, \quad a < 0$$

のときです．

そこで，もし $a = 0$（このときの「スロープ」は水平）ならば，最大距離のジャンプに対して期待される $\alpha = 45°$ になります．一方，$a = -1$（45°の傾斜）ならば最大距離のジャンプは $\alpha = 22.5°$ で起こります．注意してほしいことは，最適な α に対するこの結果は，v_0 には**無関係**で，着地スロープの勾配だけの関数だということです（このジャンプ台を使う限り，**どのようなスキーヤーでもベストな角度はこの α 値である**）．着地スロープが急になるほど，α はより小さな値になります．

$a = -\infty$ の極限で（このときの「スロープ」は実際には**切り立った崖**になる），$\alpha = 0$ となります．これは，スキーヤーが x 軸に平行な台を水平方向に飛び出したことを意味します．物理的には，スキーヤーは決して「スロープ」にぶつかることはなく，前方に動き続けるだけで，ただ鉛直方向に落下し続けます．もし，$\alpha = 0$ と $a = -\infty$ を点 P での x 座標の式に代入すれば，$x = \infty$ になります．これは，すべて理論的な結果です．本当の世界では，スキーヤーは非常に深い谷底に達することになります．

ターザン

この問題では，例えば，頭上の木の枝から真っ直ぐに垂れている長さ L の蔓に向かって走っているターザンやインディー・ジョーンズのような男を質量 m の質点として扱います．図 20.2 のように，ぶら下がる蔓の下端を x, y 座標の原点とします．蔓の下端は $x = 0$ から距離 h の高さにあります．男が $x = 0$ に達したとき，速さ v で動いており，その瞬間に，蔓の端をつかんで振り子のように前方上向きにスイングします．蔓が角度 α だけ振れたとき，点 Q で，彼は蔓を手放し放物軌道を描いて，x 軸上の $x = R$ に到達します．ここでの問いは簡単です．

距離 R を最大にする α は，いくらか？

これからの解析では，（スキージャンプ問題と同じように）空気抵抗を無視し，蔓は摩擦を受けずに木の枝から揺れると仮定します．男が点 Q で離れる瞬間の速さを v_0，蔓が点 Q まで振れた角度を α，男が水平となす速度ベクトルの角度を θ として，図 20.3 にその状況が描かれています．この図から，男が離れるときの速度ベクトルは蔓と直交していることがわかります．

解析を始めるために[2]，男が $x = 0$ に到達して蔓を握った瞬間，彼のポテンシャルエネルギーはゼロで，運動エネルギーは $\frac{1}{2}mv^2$ だとします．蔓が角度 α だけ振れるならば，彼は鉛直方向に距離

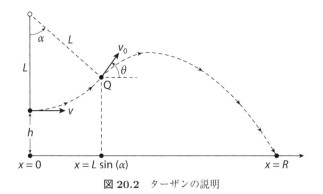

図 20.2 ターザンの説明

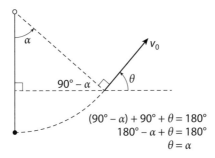

図 20.3 図 20.2 で $\theta = \alpha$ となる理由

$$L - L\cos(\alpha)$$

だけ上がるので，ポテンシャルエネルギーは

$$mgL\{1 - \cos(\alpha)\}$$

だけ増加します．このポテンシャルエネルギーは彼の初めの運動エネルギーから生じています．蔓が α だけ振れて，男は速さ v_0 で動いているので，点 Q での彼の運動エネルギーは

$$\frac{1}{2}mv_0^2 = \frac{1}{2}mv^2 - mgL\{1 - \cos(\alpha)\}$$

です．もし男がこの点 Q で蔓から手を放せば，彼の速さは

$$v_0 = \sqrt{v^2 - 2gL\{1 - \cos(\alpha)\}}$$

で，水平に対して角度 α をもっています．その瞬間の点 Q の座標は $x = L\sin(\alpha)$ と $y = L\{1 - \cos(\alpha)\}$ です．

走ってきた男が蔓を握った瞬間の速さによって，蔓が振れる角度が**最大で**

$$\alpha_{\max} = \cos^{-1}\left\{1 - \frac{v^2}{2gL}\right\}$$

になることは明らかです．これは，初めの運動エネルギーがすべてポテンシャルエネルギーに変換されたときの角度です．α の最大値はもちろん 90° です[3]．そして，$v^2 > 2gL$ ならば物理的に興味深い「飛び出し角度」はすべての α 値で可能です．しかし，$v^2 < 2gL$ ならば，「飛び出し角度」の値は $0 < \alpha \leq \alpha_{\max}$ の範囲に制限されます．

例えば，20 フィート（約 6 m）の蔓ならば，この 2 つの場合を分ける「臨界の速さ」v は次の値です．

$$v = \sqrt{2 \times 32.2 \times 20} \text{ フィート/秒} \approx 36 \text{ フィート/秒}（約 11 \text{ m/s}）$$

これはかなりの速さです．100 ヤード（約 91 m）を 8.4 秒よりも速く走るので，（いまの時点での）世界記録よりも 1 秒以上速いことになります．このスピードに到達できそうな方法は，ターザンの有名な格好を想像すればわかります．走る代わりに，初めに木の中の高い踏み台にいて，十分に伸びた蔓をつかんで，自ら空中に飛び出すことです．原点を通過するとき，ターザンの速さは**簡単**に 36 フィート/秒以上になります．

とりあえず，すべてを脇へ置いて，仰角 α で速さ v_0 で原点から飛び出した物体の放物軌道の式

$$y = x \tan(\alpha) - \frac{g}{2v_0^2 \cos^2(\alpha)} x^2$$

を思い出しましょう．この式をスキージャンプの解析で使いましたが，ここでは事情が少し違います．角度 α と速さ v_0 は以前のものと同じですが，この問題では，男が原点から飛び出すのでは**なくて**，男が蔓を放すときは x 軸上の距離

$$h = L\{1 - \cos(\alpha)\}$$

からです．でも，これは簡単に補正できます．彼が原点から**飛び出している**と想像して，改めて $y = -h$ になる x を求めるのです．つまり，

$$-h = x \tan(\alpha) - \frac{g}{2v_0^2 \cos^2(\alpha)} x^2$$

を x に対して解くのです．これは簡単に 2 次方程式の解の公式を使って解けます．**答え**は

$$x = \frac{v_0^2}{2g}\left[\sin(2\alpha) + \sqrt{\sin^2(2\alpha) + \frac{8hg}{v_0^2}\cos^2(\alpha)}\right]$$

ですが，これは容易にチェックできるでしょう．

いま求めた x の物理的な重要性がわかるようにしてください．これは，

点 Q の x 座標から測った $x = R$ までの距離です．したがって，原点から測った R の値を得るには，男が蔓を離れる前にスイングした水平距離（点 Q の x 座標）を加えなければなりません．つまり

$$R = L\sin(\alpha) + \frac{v_0^2}{2g}\left[\sin(2\alpha) + \sqrt{\sin^2(2\alpha) + \frac{8hg}{v_0^2}\cos^2(\alpha)}\right]$$

$$v_0 = \sqrt{v^2 - 2gL\{1 - \cos(\alpha)\}}$$

です．

　距離 R を最大にする飛び出し角度 α を見つけることは，数学者に聞けば「簡単だよ，$\frac{dR}{d\alpha} = 0$ と置いて α について解けばよい」と答えるでしょう．しかし，これは面倒な計算なので，私は別のアプローチを取ろうと思います．それは R 対 α をコンピュータでプロットし，R が最大になる場所を見ることです．できるだけ効率的に数値計算をするために，まず R に対する方程式が無次元になるように規格化します（第 16 章でこの方法を使ったことを思い出してください）．最近の論文[4]に従って，「自然な」長さ L（蔓の長さ）と「自然な」速さ $\sqrt{2gL}$（臨界の速さ v_0 に相当する「速さ」）を使って，次のような変数を定義します．

$$w = \frac{v}{\sqrt{2gL}}, \quad s = \frac{h}{L}, \quad a = \cos(\alpha)$$

そうすると

$$\frac{R}{L} = \sin(\alpha) + \frac{v_0^2}{2gL}\left[\sin(2\alpha) + \sqrt{\sin^2(2\alpha) + \frac{8hg}{v_0^2}\cos^2(\alpha)}\right]$$

であり，これらを（あなたが証明できるように）

$$\sin(\alpha) = \sqrt{1-a^2}, \quad \sin(2\alpha) = 2\sin(\alpha)\cos(\alpha) = 2a\sqrt{(1-a^2)},$$

$$\frac{v_0^2}{2gL} = w^2 - 1 + a, \quad \frac{8hg}{v_0^2}\cos^2(\alpha) = \frac{4sa^2}{w^2 - 1 + a}$$

で書き換えれば

$$\frac{R}{L} = \sqrt{1-a^2} + 2a\left(w^2 - 1 + a\right)\left[\sqrt{1-a^2} + \sqrt{(1-a^2) + \frac{s}{w^2 - 1 + a}}\right]$$

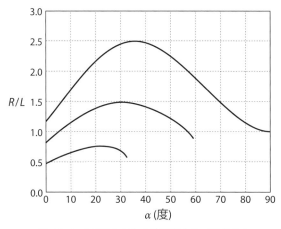

図 20.4 「規格化された飛距離」対「発射角」

となります．

s の「典型的な」値は $\frac{1}{3}$ です（これは，15 フィート（約 4.6 m）の蔓で，スイングの最下点で，蔓の下端が地上から 5 フィート（約 1.5 m）の高さにある場合に相当）．15 フィートの蔓では

$$\sqrt{2gL} = \sqrt{2 \times 32.2 \times 15}\,\text{フィート}/\text{秒} = 31\,\text{フィート}/\text{秒}\,(約 9.4\,\text{m/s})$$

なので，$w = 1$ と 0.7 と 0.4 を順次取っていけば，ターザンが蔓をつかんだときの速さは 31 フィート/秒，21.7 フィート/秒（約 6.6 m/s），12.4 フィート/秒（約 3.8 m/s）となります．**図 20.4** は α を 0 から $\alpha_{最大}$ まで変えたときの $\frac{R}{L}$ 対 α の 3 つのプロットです．上のプロットは $w = 1$，中間のプロットは $w = 0.7$，下のプロットは $w = 0.4$，です．

図 20.4 で，それぞれのプロットは明確なピークをもっていることがわかります（しかしながら，ピークは幅があり，ターザンが使う特定の α は，沼地を飛び越える彼にとってクリティカルではないことを示している）．そして，最大飛距離を与える角度は w（ターザンが蔓を握るときの速さ）が増えるとともに大きくなることがわかります．すべてのプロットにおいて，最大飛距離は発射角度が 45° よりもかなり小さいときに起こります．例えば，$w = 0.7$ のとき，最適な発射角度は約 30° です．

さて，これが本当に日常生活での問いなのかと疑問に感じる読者がいるで

しょう．でも，おそらく誰もが昔ターザンスイングをやったはずです．あなたが子どもだった頃に運動場で，ブランコに乗って，より高く，もっと高くとブランコをこいでいた頃を思い出してください．そして，夕食のために家に帰らねばならなくなったとき，前方に振れて，ブランコから飛び出して砂場に着地したでしょう．**それが，ターザンスイングでした！**．

バンジージャンプ

命知らずのジャンパー（質点 m でモデル化）が長くて伸縮自在なコード（ただし**質量はゼロ**とする）の片端に足首を結び，もう一方の端を岸壁の峡谷から数百フィート上にある橋の欄干に結びつけて空中に飛び出します．ジャンパーが飛び降りると，彼が伸縮していないコードの全長 L_0 に等しい距離だけ落ちる間，コードは彼の後ろに出ていきます．そして，L_0 を超えると，コードが伸びて彼は落ち続けます．このとき，コードは**フックの法則**[5]に従うと仮定します．つまり，鉛直方向に y 軸をとり，**下向き**を y の値が増加する正方向にとります（**図 20.5** を参照）．そして，（時刻 $t=0$ で）コードが伸び始める点を $y=0$ とします．そのとき，コードの張力は（橋に向かう方向，つまり負の y 方向で上向きの）ky で与えられます．k は正の定数です．この力は，重力とは逆向きの力で，落下速度を遅くし，最終的にジャンパーを停止させ，そのあと上向きに引っ張り上げます．

このクレージーな（と私には思える）行為には 2 つのスリルがあります．眼下の岩に衝突しそうになること，そして重力加速度よりも大きな加速度を体験すること．ここで，「シンプルな物理学」を使って解きたいのは，次の問いです．

  ジャンパーが体験する最大加速度はいくらか？

すぐにわかるように，1 gee よりもかなり大きな値になります．

ジャンパーが落下し，コードが伸び始めるまでは，彼にはたらく力は下向きの重力 mg だけです．しかし，コードが伸び始めると，上向きの張力 ky もはたらくので，ジャンパーにはたらく正味の力は $y \geq 0$ で

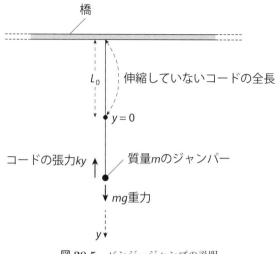

図 20.5　バンジージャンプの説明

$$F = m\frac{d^2y}{dt^2} = mg - ky$$

です．この式から，次のようなニュートンの運動方程式が書けます．

$$\frac{d^2y}{dt^2} + \frac{k}{m}y = g, \quad y \geq 0$$

これは，非常に重要な微分方程式で，工学者や物理学者や数学者がよく出会うものです．そして，この微分方程式の解もよく知られています．高校で教わる数学の内容を少し越えていますが，解き方を説明しておきましょう．でも，この解法自体はとても簡単です．

まず，この方程式の解の一般形（一般解）を「定数」と「時間変化する関数」の和であると**仮定します**．この定数を C として，$y = C$ を微分方程式に代入すると

$$\frac{k}{m}C = g$$

となるので，定数は次のように決まります．

$$C = \frac{mg}{k}$$

そこで，解の時間変化する部分を $f(t)$ と書けば，解は

$$y(t) = \frac{mg}{k} + f(t)$$

で与えられます．この式を微分方程式に代入すれば

$$\frac{d^2 f}{dt^2} + \frac{k}{m}\left[\frac{mg}{k} + f(t)\right] = g$$

より

$$\frac{d^2 f}{dt^2} + \frac{k}{m} f(t) = 0$$

となります．これは $f(t)$ に対する微分方程式

$$\frac{d^2 f}{dt^2} = -\frac{k}{m} f(t)$$

で，$f(t)$ の **2 階**導関数はもとの関数 $f(t)$ に定数をかけたものになります．このような性質をもった関数を思い浮かべることができますか？ それは，サイン関数とコサイン関数[6]です．

そこで

$$f(t) = A\cos(\omega t)$$

と仮定すると（A と ω は定数），

$$\frac{d^2 f}{dt^2} = -A\omega^2 \cos(\omega t)$$

となるので，これを $f(t)$ の微分方程式に代入すれば

$$-A\omega^2 \cos(\omega t) = -\frac{k}{m} A\cos(\omega t)$$

になります．これから

$$\omega^2 = \frac{k}{m}$$

であることがわかります．あるいは

$$f(t) = B\sin(\omega t)$$

と仮定することもできますが，この場合も

$$\omega^2 = \frac{k}{m}$$

となります．したがって，$f(t)$ を最も一般的に書けば

$$f(t) = A\cos(\omega t) + B\sin(\omega t), \quad \omega = \sqrt{\frac{k}{m}}$$

となるので，$y(t)$ に対する一般解は

$$y(t) = \frac{mg}{k} + A\cos(\omega t) + B\sin(\omega t), \quad \omega = \sqrt{\frac{k}{m}}$$

です．

さて，A と B は何でしょう？ A はすぐわかります．なぜなら，$t=0$ で $y(0)=0$ であることを知っているから

$$0 = \frac{mg}{k} + A$$

より

$$A = -\frac{mg}{k}$$

です．そのため，$y(t)$ は

$$y(t) = \frac{mg}{k} - \frac{mg}{k}\cos(\omega t) + B\sin(\omega t)$$

となるので

$$y(t) = B\sin(\omega t) + \frac{mg}{k}[1 - \cos(\omega t)]$$

となります．次に，B を決めるために，次のように y を t で微分します．

$$\frac{dy}{dt} = B\omega\cos(\omega t) + \frac{mg}{k}\omega\sin(\omega t)$$

コードが伸び始める瞬間（$t=0$）でのジャンパーの落下の速さを v_0 とすれば，上の式から

$$\left.\frac{dy}{dt}\right|_{t=0} = v_0 = B\omega$$

となるので

第20章 空中を飛ぶ | 195

$$B = \frac{v_0}{\omega}$$

です．したがって，$y(t)$ は

$$y(t) = \frac{v_0}{\omega}\sin(\omega t) + \frac{mg}{k}[1 - \cos(\omega t)]$$

です．ジャンパーが距離 L_0 だけ落下する時間を T とすれば[7]，$\frac{1}{2}gT^2 = L_0$ より $T = \sqrt{\frac{2L_0}{g}}$ で，時刻 T での速さは $v(T) = gT$，そして，この $v(T)$ が v_0 であるから

$$gT = g\sqrt{\frac{2L_0}{g}} = \sqrt{2gL_0} = v_0$$

という関係が成り立ちます．この関係を用いると $y > 0$ に対して，ジャンパーの加速度は

$$\frac{d^2y}{dt^2} = \frac{v_0}{\omega}\{-\omega^2\cos(\omega t)\} - \frac{mg}{k}\omega^2\sin(\omega t) = -v_0\omega\cos(\omega t) - \frac{mg}{k}\omega^2\sin(\omega t)$$
$$= -\sqrt{2gL_0}\sqrt{\frac{k}{m}}\cos(\omega t) - \frac{mg}{k}\left(\frac{k}{m}\right)\sin(\omega t)$$
$$= -\left[\sqrt{\frac{2gL_0 k}{m}}\cos(\omega t) + g\sin(\omega t)\right]$$

となります．この加速度は，次のような一般形に書けます．

$$\frac{d^2y}{dt^2} = a\cos(\omega t) + b\sin(\omega t)$$

ただし，

$$a = -\sqrt{\frac{2gL_0 k}{m}}, \quad b = -g$$

注釈 8 のヒントを使えば，最大加速度の大きさは

$$\max\left|\frac{d^2y}{dt^2}\right| = \sqrt{a^2 + b^2} = \sqrt{\frac{2gL_0 k}{m} + g^2} = g\sqrt{1 + \frac{2L_0 k}{mg}}$$

です．

この解析を終える前に，最大加速度の結果がもっと簡単に扱いやすい形になるように，定数 k を少し検討してみましょう．$y > 0$ でコードが伸びて

いるときの張力は $F = ky$ なので，**伸びている**弾性コードにはエネルギー E が蓄えられます．ジャンプの間に伸びるコードの最大長を L_{m} とすると，コードは $L_{\mathrm{m}} - L_0$ だけ**伸ばされる**ので，**伸ばされた**コード内のエネルギーは

$$E = \int_0^{L_{\mathrm{m}}-L_0} F\,dy = \int_0^{L_{\mathrm{m}}-L_0} ky\,dy = \frac{1}{2}ky^2 \bigg|_0^{L_{\mathrm{m}}-L_0} = \frac{1}{2}k\left(L_{\mathrm{m}} - L_0\right)^2$$

です．このエネルギーは，ジャンパーの落下によるポテンシャルエネルギーの減少から生じています．彼はコードが伸び始めた点から距離 L_{m} だけ落下するので，ポテンシャルエネルギーの減少量は mgL_{m} です．したがって，

$$\frac{1}{2}k\left(L_{\mathrm{m}} - L_0\right)^2 = mgL_{\mathrm{m}}$$

が成り立ちます．これから

$$k = \frac{2mgL_{\mathrm{m}}}{\left(L_{\mathrm{m}} - L_0\right)^2}$$

を得るので

$$\begin{aligned}
\max\left|\frac{d^2y}{dt^2}\right| &= g\sqrt{1 + \frac{2L_0 \frac{2mgL_{\mathrm{m}}}{(L_{\mathrm{m}}-L_0)^2}}{mg}} = g\sqrt{1 + \frac{4L_{\mathrm{m}}L_0}{\left(L_{\mathrm{m}} - L_0\right)^2}} \\
&= g\frac{\sqrt{\left(L_{\mathrm{m}} - L_0\right)^2 + 4L_{\mathrm{m}}L_0}}{L_{\mathrm{m}} - L_0} = g\frac{\sqrt{L_{\mathrm{m}}^2 + 2L_{\mathrm{m}}L_0 + L_0^2}}{L_{\mathrm{m}} - L_0} \\
&= g\frac{L_{\mathrm{m}} + L_0}{L_{\mathrm{m}} - L_0}
\end{aligned}$$

となります．あるいは

$$\max\left|\frac{d^2y}{dt^2}\right| = g\frac{\frac{L_{\mathrm{m}}}{L_0} + 1}{\frac{L_{\mathrm{m}}}{L_0} - 1}$$

と書けます．

この驚くほど簡単な結果は，とても意味深です．$L_{\mathrm{m}} = 2L_0$ であれば，つまりコードがジャンプの間に元の長さの 2 倍だけ伸びれば

$$\max\left|\frac{d^2y}{dt^2}\right| = 3g$$

第 20 章 空中を飛ぶ | 197

です．しかし，コードが50%だけ伸びれば，つまり $L_\mathrm{m} = \frac{3}{2}L_0$ ならば

$$\max\left|\frac{d^2y}{dt^2}\right| = 5g$$

です．このように，伸びが少ないほど，最大加速度は大きくなります．**全く伸びがない**（$L_\mathrm{m} = L_0$）という極限は，非常に恐ろしい結果になります．これを説明するために，バンジージャンパーが足首に弾性コードの代わりに誤って鉄の鎖を結びつけたとします．そうすると

$$\max\left|\frac{d^2y}{dt^2}\right| = \infty$$

です．これは数学が記述する（文字どおりの）**即死**で，鎖が伸びきった瞬間にジャンパーが経験するものです．

　さて，本章でやってきた解析について最後のコメントを少しします．1つ目は，ここで記述した話は米国物理学専門誌（AJP）に掲載されたチャレンジ問題[9]がきっかけだったということです．2つ目は，数年後に別の米国物理学専門誌（*The Physics Teacher*：PT）に載った素晴らしい記事[10]に，AJP問題の著者の誤りが修正されていたことです（ただし，この指摘は正しくないと私は思う）．ここでは，詳細な説明はしませんが，AJP問題ではコードの質量はゼロで，ジャンプが始まるとき，コードは橋の上のジャンパーの側にぐるぐる巻きにされています．それに対して，PT問題では，コードは質量をもち，ジャンプのスタート時に，橋上のジャンパーの足と橋の欄干につないだコードの残り部分は橋の下方にループ状に吊るされています．両者の解析は**ともに正しく**，違いは物理的状況だけです[11]．

　このように，両者が不一致な理由を，「シンプルな物理学」を使うことでプロの物理学者だったら見つけることができます．これも物理学を面白くしてくれる特徴の1つです．

注　釈

1) ここでの解析は Krzysztof Rebilus: "Optimal Ski Jump", *The Physics Teacher*, February 2013, pp.108-109 をごくわずか修正したものです．
2) David Bittel（コネチカット州の高校の物理教師）によるエレガントな論文 "Maximizing the Range of a Projectile Launched by a Simple Pendulum", *The Physics Teacher*, February 2005, pp.98-100 からヒントを得ました．

3) この角度はターザンが**真上**に飛び出すので，いずれ**真下**に落ちてきます．そのため，この角度は物理的に興味があっても，沼地を越えて行くのには役立ちません（90°よりも大きな角度ならターザンは**後ろ方向**に飛び出す）．

4) Carl E. Mungan: "Analytically Solving Tarzan's Dilemma", *The Physics Teacher*, January 2014, p.6. Mungan は特別な3次方程式を解いて最適な発射角度を見つける方法を詳しく述べていますが，もっと前に Bittel がそのことを検討していました（注釈2を参照）．

5) ニュートンと同時代のフック（Robert Hooke（1635-1703年））にちなんだ名称です．フックは今日ニュートンと「不仲」だったといわれている一人です．ニュートンとフックに関する逸話や論争は，拙著 "*Mrs. Perkins's Electric Quilt*", Princeton University Press, 2009, pp.167-168, 170-172, 184, 188, 190-191 を参照．

6) もっと一般的な関数は**指数関数** e^{st} です．ここで，指数 s は定数です（e^{st} の**すべて**の導関数は e^{st} に係数を掛けた形になる）．微分方程式を解く最も一般的な方法は，指数関数の指数を虚数に変えた指数関数を使うことです．しかし，いま扱っている簡単な方程式の場合は，サイン関数とコサイン関数のままで十分で，虚数の指数関数を使う必要はありません．

7) ジャンパーが速さゼロでスタートすると仮定しています．つまり，彼は静かに橋から前方に倒れるだけです．

8) $f(t) = a\cos(\omega t) + b\sin(\omega t)$ の最大値が $\sqrt{a^2+b^2}$ であることを示すために，まず $\frac{df}{dt} = 0$ と置き，そして，これが $t = \frac{1}{\omega}\tan^{-1}\left(\frac{b}{a}\right)$ で起こることを示します．それから，この t を $f(t)$ に代入すると $f\left\{\frac{1}{\omega}\tan^{-1}\left(\frac{b}{a}\right)\right\} = a\cos\left\{\tan^{-1}\left(\frac{b}{a}\right)\right\} + b\sin\left\{\tan^{-1}\left(\frac{b}{a}\right)\right\} = \sqrt{a^2+b^2}$ になります．直角三角形を描くと，この最後のステップがわかりやすくなるでしょう．

9) Peter Palffy-Muhoray: "Acceleration during Bungee-Cord Jumping", *American Journal of Physics*, April 1993, pp.379-381. 私は AJP 掲載のこの論文中にあった誤植を修正して，ジャンパーの運動方程式を解く方法をかなり詳しく説明しましたが，私が使った数式は本質的に Palffy-Muhoray のものと同じです．

10) David Kagan and Alan Kott: "The Greater-Than-g Acceleration of a Bungee Jumper", *The Physics Teacher*, September 1996, pp.368-373.

11) （本書で扱う数学レベルより少し高い）PT 掲載の条件に対する数理物理学のもっと突っ込んだ議論は拙著 "*Inside Interesting Integrals*", Springer, 2015, pp.212-219 を参照．

第 21 章

アメリカンフットボールの技
The Path of a Punt

> 偉大なパンターのしるしは,長いハングタイムだ.
> ——匿名のアメフトファン,深遠な真実を語る.

「ハングタイム(Hang time)」とは,ボールがパンターの足から相手チームにキャッチされるまで放物軌道で空中を飛んでいる滞空時間のことです[1].クリント・イーストウッド主演の 1968 年の怖い西部劇映画『奴らを高く吊るせ!(Hang 'Em High)』の吊るす時間とは無関係です.長い滞空時間は,相手チームがボールを持って走る(キャリーする)チャンスを得る前に,キックした攻撃側のチームにダウンする時間を与えてくれます.

滞空時間は野球でも重要な役割を果たす**はずです**.高く上がって外野の奥まで飛んだボールは,どんな走者にも次のベースに進めるだけの時間を与えてくれるでしょう.しかし,そうはいきません.「タッチアップ」ルールがあります.これは,ボールがフェアグラウンド内の地面に落下するか,野手がボールに最初にタッチするまでは,走者はベースを離れてはいけないというルールです.あるいは,走者がベースから離れていれば,一度ベースに戻ってから走塁するというルールです.走者はフライボールが野手にキャッチされたときにタッチアップしなければなりません.

放物軌道のボールの滞空時間は簡単に計算できます.第 18 章で示したように,パンターがボールを角度 α,初速 v_0 で蹴れば,時刻 t でのボールの高度は次式で与えられます.

$$y(t) = v_0 t \sin(\alpha) - \frac{1}{2} g t^2$$

$y(t) = 0$ となるのは，この式から $t = 0$ のとき（ボールがパンターの足下にあるとき）と

$$t = \frac{2 v_0 \sin(\alpha)}{g} = T$$

のとき（ボールがキャッチされたとき）です．この T が滞空時間です．この滞空時間は α が 0 から $90°$ に増えるにつれて，連続的に増加します．速さ v_0 は足の強さ[2]の関数であると仮定するので（g はもちろん重力加速度），角度 α がパンターのコントロールできる唯一のパラメータです．最大の滞空時間は（ちょっと皮肉だが）$\alpha = 90°$ のときの**真上のキック**で，当然パンターが**最も望まない**ものです．このキックではボールはどこにも飛んでいきません（飛距離ゼロ）．パンターが望むのはキックしたあとの長い飛距離です．そのため，彼にジレンマが生じます．

長い飛距離と長い滞空時間の両方を得るには，どのようにボールをキックすればよいか？（つまり，α の適切な値は？）

答えの1つは，空中を飛んでいるボールが**最長の軌道**をもつように α を決めることです（本章の終わりでこのことがわかる）．それでは角度 α がどのような値のときに最長の軌道を与えるか．実は，この α 値が決まれば滞空時間と飛距離の両方を最大にできます．**図 21.1** に示されているように，放物軌道で任意の**微小な一部分**を見れば，その長さ（**微小量なので微分** ds

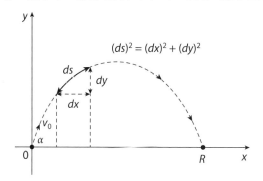

図 **21.1** 放物軌道の微小部分

で表す）はピタゴラスの定理から

$$(ds)^2 = (dx)^2 + (dy)^2$$

で与えられるので，軌道の始点から終点までの全長は

$$L = \int_{始点}^{終点} ds = \int_{始点}^{終点} \sqrt{(dx)^2 + (dy)^2} = \int_{始点}^{終点} \sqrt{1 + \left(\frac{dy}{dx}\right)^2} dx$$

です．

　最右辺の積分は x に関するものだから，下限の始点は $x = 0$，上限の終点は $x = R$ になります．第 17 章で示したように，投射角度が α で初速が v_0 ならば（ただし，第 17 章での記号は θ と V），飛距離 R は

$$R = \frac{2v_0^2}{g} \sin(\alpha) \cos(\alpha)$$

となります．いまの問題は，次式の L を最大にする α の値を見つけることです．

$$L = \int_0^R \sqrt{1 + \left(\frac{dy}{dx}\right)^2} dx$$

　パンターの放物軌道に対する方程式は，第 18 章で見たように

$$y = x \tan(\alpha) - \frac{g}{2v_0^2 \cos^2(\alpha)} x^2$$

なので，y を x で微分すると

$$\frac{dy}{dx} = \tan(\alpha) - \frac{g}{v_0^2 \cos^2(\alpha)} x$$

となります．L の積分の右辺にこの式を代入して，計算を間違えずにやれば，

$$L = \frac{g}{v_0^2 \cos^2(\alpha)} \int_0^R \sqrt{\frac{v_0^4 \cos^4(\alpha)}{g^2} + \left\{x - \frac{v_0^2 \sin(\alpha) \cos(\alpha)}{g}\right\}^2} dx$$

となります．ここで，飛距離 R の式

$$\frac{v_0^2 \sin(\alpha) \cos(\alpha)}{g} = \frac{1}{2} R$$

を少し変形すれば

$$\frac{v_0^4 \cos^4(\alpha)}{g^2} = \left\{\frac{R}{2\tan(\alpha)}\right\}^2$$

と書けるので，上記の L の積分は

$$L = \frac{g}{v_0^2 \cos^2(\alpha)} \int_0^R \sqrt{\left\{\frac{R}{2\tan(\alpha)}\right\}^2 + \left\{x - \frac{1}{2}R\right\}^2} \, dx$$

となります．さらに，変数 x を

$$u = x - \frac{1}{2}R$$

と変え，$dx = du$ に注意すると，この L の積分は

$$L = \frac{g}{v_0^2 \cos^2(\alpha)} \int_{-R/2}^{R/2} \sqrt{u^2 + \left\{\frac{R}{2\tan(\alpha)}\right\}^2} \, du$$

に変わります．ところで，次のような積分の公式[3]があります．

$$\int \sqrt{u^2 + a^2} \, du = \frac{u\sqrt{u^2 + a^2}}{2} + \frac{a^2}{2} \ln(u + \sqrt{u^2 + a^2})$$

ただし

$$a = \frac{R}{2\tan(\alpha)}$$

である．この公式を L の積分に適用して少し計算をすると，次式になります．

$$L = \frac{v_0^2}{g} \left[\sin(\alpha) + \cos^2(\alpha) \ln\left\{\sqrt{\frac{1+\sin(\alpha)}{1-\sin(\alpha)}}\right\}\right]$$

ここで，次の恒等式[4]

$$\sqrt{\frac{1+\sin(\alpha)}{1-\sin(\alpha)}} = \frac{1+\sin(\alpha)}{\cos(\alpha)}$$

に着目すれば，L の式は最終的に次のようになります．

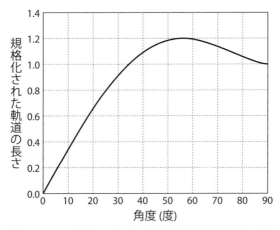

図 21.2 α に対するパントの規格化された放物軌道の長さ

$$L = \frac{v_0^2}{g}\left[\sin(\alpha) + \cos^2(\alpha)\ln\left\{\frac{1+\sin(\alpha)}{\cos(\alpha)}\right\}\right]$$

図 21.2 は $L/\frac{v_0^2}{g}$ 対 α の図です（つまり，**規格化された** L 対 α 図）．この図からわかるように，$\alpha = 55°$ 辺りで最大値をもっています（もっと正確にいえば[5]$\alpha = 56.46°$）．最大値の幅はかなり広いが，厳密な α の値はそれほど重要ではありません．

興味があるのは，滞空時間と飛距離を，（同じ初速 v_0 に対して）$\alpha = 45°$ パント（最大飛距離のパント）と $\alpha = 56.46°$ パント（最大軌道長のパント）で比べることです．すべてのパントに対する規格化された滞空時間は

$$\frac{T}{v_0/g} = 2\sin(\alpha)$$

で，すべてのパントに対する規格化された飛距離は

$$\frac{R}{v_0^2/g} = 2\sin(\alpha)\cos(\alpha)$$

です．比較結果は**表 21.1** に与えています．

したがって，$\alpha = 45°$ から $\alpha = 56.46°$ まで変えると，飛距離の値は 7.9% の減少（$1-0.921$）ですが，滞空時間の値は約 18%（$1.667/1.414 = 1.1789$）の増加です．規格化された最大の滞空時間は（無意味な $\alpha = 90°$ のと

表 21.1　2つの α 値に対する滞空時間と飛距離

α	規格化された滞空時間	規格化された飛距離
$45.00°$	1.414	1.000
$56.46°$	1.667	0.921

きの）2です．そして，$\alpha = 56.46°$ のパントは最大滞空時間（2）の 83%（$1.667/2 = 0.833$）以上を達成し，一方で，最大飛距離の 92%（0.921）を保持しています．

注　釈

1) これまでのいくつかの章でやった放物体の解析と同じように，空気抵抗の影響は無視しています．空気抵抗を考慮する方法は拙著 "Mrs. Perkins's Electric Quilt", Princeton 2009, pp.120-135 を参照（本書と違って，物理学はシンプルでは**ないから**，式が複雑になる）．
2) パンターはほとんどいつも全力でキックすると，私は信じています．ただし，オンサイドキックになる場合を除いては．その場合の**ショート**キックは戦略的なものですが，このような状況はいま考えていません．
3) この積分は積分公式集を見ればわかります（第 19 章の注釈 4 を参照）．もちろん，あなたはこの積分を微分すれば公式を**検証**できます．
4) これを示すのは代数のよい演習になるので，恒等式の検証をあなたに奨めます．
5) この数値結果の初出は Haiduke Sarafian: "On Projectile Motion", *The Physics Teacher*, February 1999, pp.86-88．

第 22 章

重力加速度の安価な測定法

Easy Ways to Measure Gravity in Your Garage

> 軌道を理解するのは難しくない．
> 不眠症の深さをかき乱すのは，重力なんだ．
> ——ノーマン・メーラー『月にともる火』（1970 年）

　ここまで読んできたあなたは，すべての方程式の半分に g が現れることを予想できるようになったでしょう．もちろん，g とは地表での重力加速度のことで，値は約 32.2 フィート/s^2（約 9.8 m/s^2）です．例えば，放物体の問題，輸送チューブ，バンジージャンプ，そして斜面を転がり落ちる円柱などの計算をしたとき，数式のどこかに g は必ず現れていました．このようにいつも現れるので，「空中を運動する物体」の物理学を勉強するときには，g が**必ず現れる**と素朴に思うかもしれません．しかし，そうではありません．驚くべき反例があります．最初のものは（私の知る限り）1960 年のエレガントな論文[1]に載っています．

　高さ h の標高差をもった摩擦のない斜面上で，初め静止していた質量 m の質点が（**図 22.1** に示すように）滑り落ちるのを想像してほしい．質点は斜面の底から速さ v_0 と角度 α をもって空中に発射される．このとき，発射点から質点が着地する点までの水平距離 R はいくらか？

　第 18 章で見たように，速さ v_0 で角度 α で原点から発射された物体に対して，飛距離は次式で与えられます（式（B）を参照）．

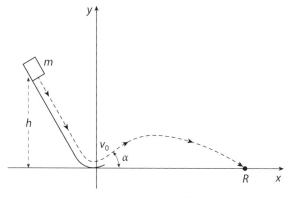

図 22.1 R は g に無関係！

$$R = \frac{2v_0^2}{g} \cos(\alpha) \sin(\alpha)$$

エネルギー保存則から

$$\frac{1}{2}mv_0^2 = mgh$$

です．これは，発射時に質点のもつ運動エネルギーが質点のポテンシャルエネルギーの減少に等しいことを語っています．この式から

$$v_0^2 = 2gh$$

となるので，飛距離 R は

$$R = 4h \cos(\alpha) \sin(\alpha)$$

で与えられます．気づいたでしょうが，これは **g を含まない式**です．注釈1の著者が書いているように「もしこれと同じ斜面を転がる質点を使って，この実験を月や火星で行えば，... 地球で行ったときと同じ飛距離になる」[2]．

　地球，月，火星での違いは発射の速さ v_0 で，g が大きい場所ほど，発射の速さも速くなります．しかし，速さの増加と重力の増加が厳密に相殺されるので，R は変わらないのです．数学はこれを明らかにしてくれますが，私はそれが事前に明らかなことだとは思いません．その上，この程度の小さな計算にも関わらず，g が方程式の中に現れる習性をもっているように見え

るので，g の値を知ることは重要です．そこで，次の問いが本書の最後の問題です．

　　g はどのようにして測るのか？

　この問題は数年前にも拙著に書きました[3]．その本では，次のような話から始めました．

　　g の値を決める実験は，実際，毎年世界中の多くの大学新入生によって物理実験室で行われている古典的なものです．私がスタンフォード大学の 1 年生だったとき（1958 年）に，この実験をやったことをよく覚えています．実験は，スパーク発電機から高速ででるパルスの熱を使って，落下するパラフィン紙のテープに穴をあけ，あとでテープの穴を観察するもので，魅力のない，冴えない実験でした．近接する穴の間の距離を測定して，ちょっと難しい計算をすれば，g の値が求まるというものでした．

　　しかし，g を測定するもっとよい方法があります．それは，もっと早く測定でき，しかも，より教育的でもある優れた方法です．．．装置に必要なものは，ものさし，よく弾むゴムボール，ストップウォッチだけです．高価で（ほとんどの大学 1 年生には）なじみのない発電機は不要です．必要なのは，初等物理学と高校の代数を扱う能力だけ．そうすれば，60 秒もせずに，あなたのいる場所での g が測定できます．

　その本の続きに，バウンドするボールを用いた g の測定方法に関して，かなり「シンプルな物理学」を含む 3 ページ程度の説明があり，g は

$$g = \frac{8h_0 c^2}{T_n^2}\left(\frac{1-c^n}{1-c}\right)^2$$

で与えられています．ここで，ボールを高さ h_0 から落として，最初のバウンドの高さが h_1 であれば，c は次式で与えられます．

$$c = \sqrt{\frac{h_1}{h_0}}$$

T_n は n 回のバウンド時間です（n は便宜的に選んだもの）．この実験のシンプルさは明らかです（Mrs. Perkins のために，ある夕方ガレージに行って

実際に実験した．実にシンプルで，スタンフォード大学の実験よりももっと愉しかった）．そして，g を決定する他の方法も驚くほど簡単です．本章の残りで，4種類の方法を説明します．ただし，g の精度は（せいぜい）数パーセントなので，g の精確な値が必要な物理学者は，バウンドするボールやこの後に示すような方法を使うことはありません．g の測定に，物理学者はかなり高額で精巧な装置を使います[4]．これに対して，いまから説明するアプローチは，シンプルなだけでなく**安価**です（20 ドル未満）．

円錐振り子

軽くて強いひも（ナイロンの釣り糸がよい）の一端を手でしっかり持っていると想像してください．そして，もう一端にはかなり重い物体（針金で補強した金属製ワッシャーがよい）を結びつけているとします．そして，**図 22.2** のように，おもりが水平に半径 r の円軌道を描いて，一定の速さで回転するように手を動かしてください．図に示しているように，手から円軌道面の中心までの距離は h，ひもの長さは L，ひもの張力は F です．

質点の速さを v とすると，回転している質点が受ける向心加速度は $\frac{v^2}{r}$ です．1回転の時間を T とすると

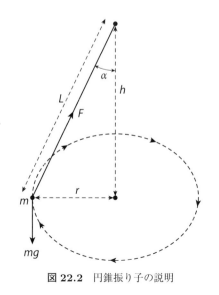

図 22.2 円錐振り子の説明

なので，向心加速度 $\frac{v^2}{r}$ は

$$\frac{4\pi^2 r^2}{T^2 r} = \frac{4\pi^2 r}{T^2}$$

となります．これは，この加速度による内向きの（動径方向の）力が

$$m\frac{4\pi^2 r}{T^2}$$

であることを意味します．この力は，ひもの張力の内向きの（動径方向の）水平成分 $F\sin(\alpha)$ によって供給されるので

$$F\sin(\alpha) = m\frac{4\pi^2 r}{T^2}$$

が成り立ちます．

さて，回転している質点は鉛直運動をしないから，正味の鉛直な力はゼロです．これは，張力の上向きの鉛直成分が質点にはたらく下向きの重力と厳密につり合っていることを意味するので

$$F\cos(\alpha) = mg$$

です．これを

$$m = \frac{F}{g}\cos(\alpha)$$

と書いて，$F\sin(\alpha)$ の式に代入すれば

$$\boxed{F\sin(\alpha) = \frac{F}{g}\cos(\alpha)\frac{4\pi^2 r}{T^2}}$$

を得ます（この時点では，両辺の F を消さずに残しておく）．図 22.2 から，わかるように

$$\frac{r}{L} = \sin(\alpha), \quad \frac{h}{L} = \cos(\alpha)$$

だから，これらを枠の式に代入すると（そして，F を消去すると）

$$g = \frac{4\pi^2 h}{T^2}$$

という結果を得ます．ここで，m，r，L の値を具体的に知る必要はなく，h と T だけでよいことに注意してください．

しかしながら，この実験を手でやるときは，手が震えないようにしなければなりません．手の代わりにモーターの回転軸を使えば，かなり簡単に行えます[5]．例えば，60 rpm（60 回転/分）モーターを使うと 1 回転の周期は 1 秒なので，ストップウォッチも不要です．決定すべきものは h だけです．実験をこのようにやろうとすると，ちょっとした工夫が必要になります．それは，L がある長さ（臨界長）よりも短いとうまく動かないからです．L が臨界長より大きければ，問題はありません！ 理由は次のとおりです．

枠で囲った式に戻り，F を消去すると，次式になります．

$$\frac{g}{\cos(\alpha)} = \frac{4\pi^2 r}{T^2 \sin(\alpha)} = \frac{4\pi^2 r}{T^2 \left(\frac{r}{L}\right)} = \frac{4\pi^2 L}{T^2} = \left(\frac{2\pi}{T}\right)^2 L$$

一定の $\frac{2\pi}{T}$（いまモーターを使っているので，T は固定されている）を ω（**角速度**）と書くと，上の式は

$$\frac{g}{\cos(\alpha)} = \omega^2 L$$

か

$$\cos(\alpha) = \frac{g}{\omega^2 L}$$

になります．この式が物理的に意味をなす（つまり，α が実数である）ためには，$\cos(\alpha) < 1$ でなければならないので

$$L > \frac{g}{\omega^2}$$

が成り立つ必要があります[†]．

60 rpm モーター（T = 1 秒）の場合，

[†] （訳注）$\cos\alpha = 1$ のときの L が臨界長 (L_0) なので，$L_0 = g/\omega^2$ です．

$$L > \frac{32.2 \, \text{フィート}/\text{s}^2}{\left(\frac{2\pi}{1\,\text{s}}\right)^2} = \frac{32.2}{4\pi^2} \, \text{フィート} = 0.816 \, \text{フィート} \quad (約 25\,\text{cm})$$

です．したがって，L は 10 インチ（25.4 cm）よりも少し長くなければなりません[6]．

水平なスピン

2 番目の方法は，水平に円運動する質点の回転を利用します．簡単な筒（ペーパータオルのひと巻きの芯にある段ボール製の筒がよい）を使ったセットアップは，図 **22.3** に示しています．

ここでは，釣り糸を筒に通し，両端に同じ質量のおもりを付けます（ここでも，ワッシャーを使う）．そして，手で筒を鉛直に支えて，上側のおもりを周期 T で半径 r の円運動をさせます．

円運動の速さは（円錐スピンと同じように）

$$v = \frac{2\pi r}{T}$$

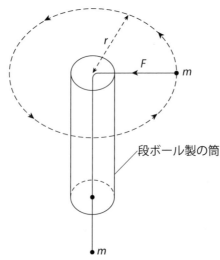

図 **22.3** 水平なスピンの説明

なので，向心加速度は

$$\frac{v^2}{r} = \frac{4\pi^2 r}{T^2}$$

です．

そして，釣り糸の張力は

$$F = m\frac{4\pi^2 r}{T^2}$$

です．この張力 F は，おもりにはたらく重力とつり合うので，

$$F = mg = m\frac{4\pi^2 r}{T^2}$$

が成り立ちます．したがって，g は次式で与えられます．

$$g = \frac{4\pi^2 r}{T^2}$$

この巧妙な方法の考案者[7]は，r の巧妙な測定方法も示唆しています．「釣り糸にいくつかの結び目を，おもりから一定の間隔で結びつけて，簡単に半径 r を測定できるようにする」．つまり，1つの（あるいは2つか3つの）結び目がちょうど筒から飛び出すまで，単純におもりを回転させます．それから，おもりが軌道を何回か回転する時間を，友人にストップウォッチで測定させます．そして，T の平均値を求めます．それだけです！

鉛直なスピン

実質的に何も使わずに g を決める次の方法も，質量 m のおもり（金属製ワッシャー）をひもの一端に結びつけて半径 r の円で回しますが，今回は**図 22.4** のように軌道は**鉛直面内**にあります．おもりは，特別なやり方で回転させます．おもりがかなり速く回転するようになってから，円軌道の真上におもりが来たとき，ひもがまさに緩くなるように感じるまで，ゆっくりと回転の速さを遅くします（これには試行錯誤が必要だが，考案者はこのテクニックを生徒たちがすぐに習得できると主張している[8]）．このようなテクニックは奇妙な印象を与えますが，ここにこの方法の鍵があるのです．

円錐スピンや水平スピンとは違って，鉛直スピンでは質量の軌道の速さ

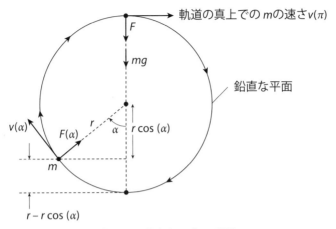

図 22.4 鉛直なスピンの説明

とひもの張力は一定**ではありません**．図 22.4 のように，運動中のおもりの位置を指定する角度を α とすれば，速さと張力はともに α の関数，$v = v(\alpha)$ と $F = F(\alpha)$ になります．特に，$v(0)$ は軌道の最下点での速さであり，$v(\pi)$ は軌道の頂点での速さです（$\alpha = \pi$ **ラジアン** $= 180°$）．次の解析には，エネルギー保存則を使います．つまり，おもりのポテンシャルエネルギー（PE）と運動エネルギー（KE）の和は α の値に関わらず常に一定であることを使います．PE のゼロ基準点は軌道の最下点にとります．

おもりの KE と PE は，軌道の頂点では

$$\text{KE} = \frac{1}{2}mv^2(\pi), \quad \text{PE} = 2rmg$$

で，**任意の** α では

$$\text{KE} = \frac{1}{2}mv^2(\alpha), \quad \text{PE} = [r - r\cos(\alpha)]\,mg = rmg\,[1 - \cos(\alpha)]$$

です．そのため，エネルギー保存則より

$$\frac{1}{2}mv^2(\pi) + 2rmg = \frac{1}{2}mv^2(\alpha) + rmg\,[1 - \cos(\alpha)]$$

が成り立つので，両辺を m で割ると，次式になります．

$$\frac{1}{2}v^2(\pi) + 2rg = \frac{1}{2}v^2(\alpha) + rg\,[1 - \cos(\alpha)]$$

$v(\pi)$ は以下のように決めることができます．軌道の**頂点**において，おもりの向心加速度は

$$\frac{v^2(\pi)}{r}$$

なので，向心力は

$$m\frac{v^2(\pi)}{r}$$

です．この向心力は，おもりにはたらく重力 mg とひもの張力 F の和で与えられます．mg と F は同一直線上にあり（そして，当然，両方とも下向きだから）

$$m\frac{v^2(\pi)}{r} = F + mg$$

が成り立ちます．軌道の頂点では（頂点でちょうどひもが緩むようにおもりを回しているので），$F = 0$ だから

$$\frac{v^2(\pi)}{r} = g$$

となるので

$$v^2(\pi) = rg$$

です．したがって，エネルギー保存則の式は次のようになります．

$$\frac{1}{2}rg + 2rg = \frac{1}{2}v^2(\alpha) + rg\left[1 - \cos(\alpha)\right]$$

この式から，次式が導けます．

$$v(\alpha) = \sqrt{3rg\left\{1 + \frac{2}{3}\cos(\alpha)\right\}}$$

さて，解析を前進させるために，次のような考察をします．もし $ds = r\,d\alpha$ が全軌道の経路の微小部分であれば，おもりがその距離を進むのに要する微小時間 dt は

$$dt = \frac{ds}{v(\alpha)} = \frac{r\,d\alpha}{v(\alpha)}$$

第 22 章　重力加速度の安価な測定法

です．このため，完全に軌道を一周する時間（軌道周期）は

$$T = \int dt = \int_0^{2\pi} \frac{r\,d\alpha}{v(\alpha)}$$

です．この式の右辺に $v(\alpha)$ を代入すると

$$T = \int_0^{2\pi} \frac{r\,d\alpha}{\sqrt{3rg\left\{1+\frac{2}{3}\cos(\alpha)\right\}}} = \sqrt{\frac{r}{3g}}\int_0^{2\pi} \frac{d\alpha}{\sqrt{1+\frac{2}{3}\cos(\alpha)}}$$

となるから，g は

$$g = \frac{r}{3T^2}\left\{\int_0^{2\pi} \frac{d\alpha}{\sqrt{1+\frac{2}{3}\cos(\alpha)}}\right\}^2$$

で与えられます．

定積分は，もちろん単なる数です．この方法の考案者[8]はこの定積分をグラフで解いています（積分値が面積であることを利用して）．そして，「およそ7」という結果を述べています．事実，この積分は**第1種楕円積分**[9]で，数表を見れば値がわかります（6.993で，これは7に**近い値である**）．

2 重落下

今まで示した g を決める方法は，すべて，ひもの一端でおもりを回転させるものでした．本章の最後に登場する方法は，重力と直接的に結びついた**物体の落下**を使います．これまでの解析で気づいたと思いますが，話がどんどん過去に戻っています．この最後の方法は，19世紀後半の "The New Physics"（1884年）というタイトルのテキストに載っているもので，理論が美しく，そしてエレガントな g の測定法です．このテキストの著者トロブリッジ（John Trowbridge（1843-1923年））は，1870年から定年の1914年までハーバード大学で物理の教授をしていました．**図22.5**に，実験のセットアップが示されています．

先の尖った2個の同じ重さのおもりを，（まだ）回転させていない円板の上につり下げます．電源にスイッチを入れると，この円板は一定の角速度で回転するようになっています．おもりをつるす位置は，おもりが落下したと

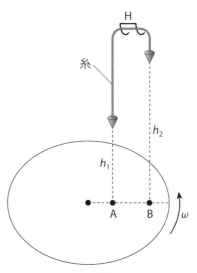

図 22.5 2 重落下の説明

きに同じ動径上の 2 点 A と B で円板に当たるように決められています．要するに，硬い紙が円板に貼り付けてあり，それぞれのおもりが落下して紙に穴を空けるところを想像してください．図に示すように，2 個のおもりは 2 重フック H を通るように糸で結ばれています（理由はすぐにわかる）．円板の中心に近いほうのおもりの高さは h_1，遠いほうのおもりの高さは h_2 です（$h_1 < h_2$）．

さて，円板を一定の角速度 ω で回転するようにセットしてから，2 個のおもりを**同時に**落下させます．**同時**という言葉が，ここでは鍵になります．そのように落下させる簡単な方法は，糸をマッチで**焼き切る**ことです．

糸が切れると，先の尖った 2 個のおもりはそれぞれ円板上に

$$\frac{1}{2}gt_1^2 = h_1$$

と

$$\frac{1}{2}gt_2^2 = h_2$$

で決まる時間 t_1 と t_2 で落下します．明らかに，$t_2 > t_1$ なので

$$t_1 = \sqrt{\frac{2h_1}{g}} < t_2 = \sqrt{\frac{2h_2}{g}}$$

です．したがって，落下時間の差 Δt は次式で与えられます．

$$\Delta t = t_2 - t_1 = \sqrt{\frac{2}{g}}\left(\sqrt{h_2} - \sqrt{h_1}\right)$$

1番目のおもりが回転する紙に当たると，紙に穴を空けます．2番目のおもりが Δt 後に回転する紙に当たると，それも紙に穴を空けます．紙は回転しているので，これら2個の穴は同じ動径上には**ありません**．実際には，これらの穴は

$$\theta = \omega \Delta t = \omega\sqrt{\frac{2}{g}}(\sqrt{h_2} - \sqrt{h_1})$$

で決まる角 θ をなす2本の異なる動径上にあります．この式から g は

$$g = \frac{2\omega^2\left(\sqrt{h_2} - \sqrt{h_1}\right)^2}{\theta^2}$$

となります．したがって，h_1, h_2, ω の値と分度器で測った θ の値がわかれば，g が計算できます．

　テキストの著者トローブリッジが回転板に何を使ったのかわかりませんが，私は古いレコードプレーヤーのターンテーブル[10]を使うことをお薦めします．1950年代には身近にあったレコードプレーヤーは，今日ではそれほど一般的ではありません（私が高校生の頃は多くの若者の部屋にあった）が，まだ動きます[11]．標準的なターンテーブルには，回転の速さを変える選択ボタンが3個あります．$33\frac{1}{3}$ rpm と 45 rpm と 78 rpm の3個です．選択した速さにほんのわずかなずれがあると，ロマンティックな歌声を「シマリスの声」か「樽の内部の深いところからの声」に変えるため，ターンテーブルは時間の記録装置としては実に印象的で，とても正確です．

　高さ h_1 と h_2 を決めれば，あとは θ を測定するだけです．例えば，$h_1 = \frac{1}{2}$ フィート（約 15 cm）と $h_2 = 2$ フィート（約 60 cm）で，78 rpm のターンテーブルを使うと，何度の角度が期待できるでしょうか？

　78 rpm だから

$$\omega = \frac{78}{60} \times 2\pi \frac{\text{rad}}{\text{s}} = 2.6\pi \frac{\text{rad}}{\text{s}}$$

より

$$\theta = \omega \Delta t = 2.6\pi \sqrt{\frac{2}{32.2}} \left(\sqrt{2} - \sqrt{\frac{1}{2}}\right) \text{rad} = 1.44 \text{ rad} \approx 82°$$

です．これは，簡単に測定できる角度です．ターンテーブルの速さを $33\frac{1}{3}$ rpm とすれば $\theta \approx 35°$，速さを 45 rpm とすれば $\theta \approx 48°$ です．

さて，本章を終える前に，物理学者たちにもあまり知られていない g に関する面白い考察をしましょう．g の値がわかれば（本章で示したように，それは難しくないが），距離 r だけ離れた 2 つの質点 M と m の間にはたらく万有引力の逆 2 乗則

$$F = G\frac{Mm}{r^2}$$

に現れる万有引力定数 G の値が計算できます．ニュートンが，この式を書かなかったことを理解するのは重要です（そして，g すら書いていない[12]）．定数 G と g は，ニュートンの死後かなり経ってから物理学に導入されました．特に，万有引力定数の G が登場したのは 19 世紀の終わりです．

M を地球の質量，m を他の質量（例えばティーカップ）とすれば，ティーカップにはたらく重力（これを**重量**とよぶ）は mg で与えられます．つまり，$r = R$（地球の半径）だから

$$mg = G\frac{Mm}{R^2}$$

です．そのため

$$G = \frac{gR^2}{M}$$

です．地球の平均密度を ρ とすると

$$M = \frac{4}{3}\pi R^3 \rho$$

なので

$$G = \frac{3g}{4\pi R \rho}$$

となります（**注意**：$F = mg$ の m を**慣性質量**，$F = G\frac{Mm}{R^2}$ の m を**重力質量**とよぶ．両者の同等性を**等価原理**とよび，これは一般相対性理論の出発点になったものである）．

紀元前，何世紀にもわたって，地球が半径約 4,000 マイルの球である[13]ことは，教養のある人たちに知られていました．さらに，観測から地球の地殻は水の約 2 倍の密度をもっていること，そして，地球内部はその密度よりももっと重いという理に適った仮定から，ニュートンは平均密度が水の密度の 5 倍と 6 倍の間にあることを示唆しました[14]．地球の平均密度は 1798 年のキャベンディッシュ実験（第 5 章の注釈 3 を参照）で測定され，5,540 $\frac{\text{kg}}{\text{m}^3}$ の値に到達しました．この値は，ニュートンが推定した区間のまさに中間値です．関連するすべての数値を G の式に代入すると，当時，ニュートンは G を計算できたはずです．そして ρ の中央値を使って，ニュートンは

$$G = \frac{3 \times 9.8 \frac{\text{m}}{\text{s}^2}}{4\pi \times 4{,}000 \text{ miles} \times 1{,}609 \frac{\text{m}}{\text{mile}} \times 5{,}500 \frac{\text{kg}}{\text{m}^3}}$$
$$= 6.6 \times 10^{-11} \frac{\text{m}^3}{\text{kg} \cdot \text{s}^2}$$

のような結果を得たはずです．この数値は現代の値からわずか 1% の差です．

でも，「待ってほしい！」と，あなたは異議を唱えるでしょう．なぜなら，先ほどニュートンは g を書かなかったし，g の値についても述べなかったと私が言ったからです．ニュートンは「9.8 m/s²」をどのようにして知り得たのでしょうか？ ここの話のポイントは，**もし**ニュートンが本章の実験のどれか 1 つをやったならば，その値を知り**得ただろう**ということです．もちろん，彼はそれをするためには時間を測定する装置が必要だったでしょう．それは彼の時代には見つけるのが難しい装置です．保存されている研究ノートには，重力実験に使った振り子時計に関するニュートンのコメントがあります（注釈 12 の Herivel の本を参照）．

この G の計算をしなかったことで，ニュートンはもう 1 つの金星を彼の名に置く機会を失いました．今もなお，ニュートンは天才ですが，彼もまた

人間であり，私たちのようにミスをしました．このミスに関するドラマティックな説明は次章を参照してください．数学と物理ができる高校生なら，ニュートンがミスした問題を間違えずに解けます．ただし，ニュートンを弁護するために，彼のミス（まだ知られていない）の原因が単なる計算上のミスだったと思われることを付け加えておきます．

さて，最後にやってほしい計算があります．地球は月よりも81倍大きな質量と，4倍大きい直径をもっています．この事実は，月面での重力加速度が約 $\frac{1}{5}g$ であることを示唆しています．このことを証明して下さい（これは1971年の**アポロ14号**の飛行で，宇宙飛行士シェパード（Alan Shepard（1923-1998年））によって月からテレビ中継された「ゴルフボール実験」によってドラマティックに説明された）．

注 釈

1) Richard M. Sutton: "Experimental Self-Plotting of Trajectories", *American Journal of Physics*, December 1960, pp.805-807.

2) 最近，これを「重力のトリック」とよぶ人もいます．Ronald Newburgh: "*The Physics Teacher*", September 2010, pp.401-402 を参照．

3) 拙著"*Mrs. Perkins's Electric Quilt*", Princeton University Press, 2009, pp.18-23.

4) 例えば，Kurt Wick and Keith Ruddick: "An Accurate Measurement of g Using Falling Balls", *American Journal of Physics*, November 1999, pp.962-965 を参照．この論文で使うテクニックは，落下中のボールが2つの光線を遮る時間差の測定（0.01% 以内の精度）で，空気抵抗も考慮されています．タイミングは，電子的にマイクロ秒の精度で行われます．

5) 詳細は，Henry Klostergaard: "Determination of Gravitational Acceleration g Using a Uniform Circular Motion", *American Journal of Physics*, January 1976, pp.68-69 を参照．

6) L が臨界長 L_0 よりも短いと何が起こるでしょうか？ 単純に，質量は円軌道を回らずに，真っ直ぐ下に吊るされて，それ自身の軸の周りで回転します．この証明は，注釈5の論文を参照．

7) Francis Wunderlich: "Determination of 'g' through Circular Motion", *American Journal of Physics*, December 1966, p.1199.

8) Albert B. Stewart: "Circular Motion", *American Journal of Physics*, June 1961, p.373.

9) 第19章の式 (E) を見てください．そこで，輸送チューブを調べたときに初めて楕円積分に出会っています．これは純粋に数学で物理ではありませんが，興味があれば，私たちの積分を次のような方法で第1種楕円積分に変換できます．(1) $\int_0^{2\pi} \frac{dx}{\sqrt{1+a\ \cos(x)}}$

を書く．(2) $x = 2u$ で変数変換をする．(3) 簡単な代数と三角法で次式を示す．

$$\int_0^{2\pi} \frac{dx}{\sqrt{1+a\cos(x)}} = \frac{4}{\sqrt{1+a}} \int_0^{\pi/2} \frac{du}{\sqrt{1 - \frac{2a}{1+a}\sin^2(u)}}$$

(4) $a = \frac{2}{3}$ と置いて，数表を使って積分の値を見つける．

10) Thomas B. Greenslade, Jr.: "Trowbridge's Method of Finding the Acceleration due to Gravity", *The Physics Teacher*, December 1996, pp.570-571.

11) 新しいターンテーブルは$80 くらいでアマゾンから購入できます．私はオークションサイトで中古品を$15 の安値で見つけました．

12) ニュートンは**もちろん**重力加速度の概念を理解していたし，実際に実験も行いましたが，彼の結果は「1 秒間での落下距離」の形で表され，フィート/s² での値は求めませんでした．ニュートンは 1 秒間での落下距離を 196 インチ（約 498 cm）と計算しましたが，これは正しい値に非常に近いものです（32.2 フィート/s²（約 9.8 m/s²）で，物体は落下の初めの 1 秒間で 193.2 インチ（約 491 cm）落下する）．John Herivel: "*The Background to Newton's* Principia: *A study of Newton's Dynamical Researches in the Years 1664-84*", Oxford University Press, 1965, pp.186-189 を参照．

13) この認識は，キュレネのエラトステネス（Eratosthenes（紀元前 276-194 年））に遡ります．彼は，有名なアレクサンドリアの図書館長であり，また，**エラトステネスのふるい**とよばれる素数を同定する基本的なテクニックを発見した人です．このような話は，数学の歴史に関する本に書かれています．

14) この話に関しては，Andrew Motte: "1729 English translation (from the original Latin, the international scientific publication language of Newton's times) of the *Principia*", University of California Press, 1934, p.418 を参照．

第 23 章

エピローグ—ニュートン，重力計算を間違う
Epilogue—Newton's Gravity Calculation Mistake

> 天才は間違わない．天才のミスは...発見への入り口だ．
> ——ジェイムズ・ジョイス『ユリシーズ』（1922）の
> 「ニュートンを完全に記述する言葉」から

ニュートンの 1687 年の傑作『**プリンキピア**』の第 3 巻 "*The System of the World*" に，ニュートンは重力がいかに弱いかを示すドラマティックな説明を与えています．彼は読者に，2 個の同等な球がそれぞれ 1 フィートの直径をもち，地球の平均密度（水の密度の 5.5 倍）と同じ密度をもっているのを想像させて，次のように主張しています．はじめに静止している球が「1 インチの 1/4（約 0.6 cm）離れているとき，たとえ抵抗がない空間でも，引力によって 1 ヶ月程度の時間で引っ付くことはない．...それどころか，すべての山々でも感知しうる効果を生じさせるには不十分だろう[1]」．ニュートンはこの主張を正当化する計算を与えていませんが，もし計算したとしても，間違いが**あった**に違いありません．実際，ニュートンの計算には，**大きな**ファクターのエラーがあります．そこで，2 個の球が接触するまでにかかる時間をこれから計算しましょう．

図 23.1 はニュートンの 2 個の球を表しています．原点に中心があり，それぞれの中心は初め $x = -p - \frac{1}{2}s$ と $x = p + \frac{1}{2}s$ にあります．ここで，p はそれぞれの球の半径，s は初めの間隔です．対称性により，右側の球の中心が x ならば，左側の球の中心は $-x$ です．ただし $0 \leq x \leq p + \frac{1}{2}s$．$F$ をそれぞれの球が相手に及ぼす重力の引力とすれば，ニュートンの逆 2 乗則と

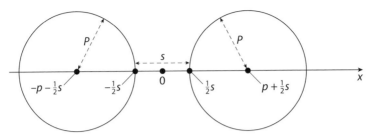

図 23.1 時刻 $t=0$ で,重力で引きあう 2 個の球

運動法則(力は質量と加速度の積に等しい)から,右側の球に対する F は ($x > 0$)

$$F = m\frac{d^2x}{dt^2} = -G\frac{m^2}{(2x)^2} = -\frac{Gm^2}{4x^2}$$

となります.右辺の 2 つの項は負です.なぜなら,右側の球は左に,つまり,x の**減少する**方向に動くからです.したがって,ニュートンの運動方程式は

$$\frac{d^2x}{dt^2} = -\frac{Gm}{4x^2}, \quad 0 \leq x \leq p + \frac{1}{2}s$$

です.さて,私たちが計算したいことは,右側の球の中心座標 x が $x = p + \frac{1}{2}s$ から $x = p$ まで行くのに要する時間です.この $x = p$ で,2 個の球はちょうど接触します[2]。

微分をドット記法に代えて,数学的な解析をはじめましょう.この記号は,第 19 章で高速輸送チューブを解析したときに使いました.ドット記法では

$$\frac{d^2x}{dt^2} = \ddot{x} = \frac{d\dot{x}}{dt} = \left(\frac{d\dot{x}}{dx}\right)\left(\frac{dx}{dt}\right) = \frac{d\dot{x}}{dx}\dot{x}$$

となるので,重力の式は次のように書けます.

$$\frac{d\dot{x}}{dx}\dot{x} = -\frac{Gm}{4x^2}$$

これを

$$\dot{x}d\dot{x} = -\frac{Gm}{4x^2}\,dx$$

と書き換えて，不定積分すると
$$\frac{1}{2}\dot{x}^2 = \frac{Gm}{4x} + C$$
となります．ここで，C は（当面）任意定数です．右側の球に対して，$x = p + \frac{1}{2}s$ のとき $\dot{x} = 0$ であることを使えば，C は次のように計算できます．
$$0 = \frac{Gm}{4\left(p + \frac{1}{2}s\right)} + C = \frac{Gm}{4p + 2s} + C$$
より
$$C = -\frac{Gm}{4p + 2s}$$
です．したがって，
$$\frac{1}{2}\dot{x}^2 = \frac{Gm}{4x} - \frac{Gm}{4p + 2s}$$
から
$$\left(\frac{dx}{dt}\right)^2 = \left[\frac{Gm}{2x} - \frac{Gm}{2p + s}\right] = Gm\left[\frac{2p + s - 2x}{2x(2p + s)}\right]$$
$$= Gm\left[\frac{2\left(p + \frac{1}{2}s - x\right)}{2x(2p + s)}\right] = \frac{Gm}{2p + s}\left[\frac{p + \frac{1}{2}s - x}{x}\right]$$
です．$\frac{dx}{dt}$ に対して解くと，次式を得ます．
$$\frac{dx}{dt} = -\sqrt{\frac{Gm}{2p + s}\left[\frac{p + \frac{1}{2}s - x}{x}\right]} = -\sqrt{\frac{Gm}{2p + s}}\sqrt{\frac{p + \frac{1}{2}s - x}{x}}$$
ここで，負の平方根を使います．なぜなら右側の球は左に（x が**減少する方向**に）動くからです．つまり，$x < p + \frac{1}{2}s$ の場合，右側の球の速さは**負**です．したがって，変数を分離すると，次式になります．
$$dt = -\sqrt{\frac{2p + s}{Gm}}\sqrt{\frac{x}{p + \frac{1}{2}s - x}}\,dx$$

さて，t は 0 から T（2個の球がちょうど接触するときの時間）まで変わるので，x は $p + \frac{1}{2}s$ から p まで変わります．したがって，定積分は

$$\int_0^T dt = T = -\sqrt{\frac{2p+s}{Gm}} \int_{p+\frac{1}{2}s}^p \sqrt{\frac{x}{p+\frac{1}{2}s-x}}\, dx$$

です．積分の計算は簡単です．$c = p + \frac{1}{2}s$ と置くと，不定積分は

$$\int \sqrt{\frac{x}{c-x}}\, dx$$

です．まず初めに変数を

$$u = (c-x)^{1/2}$$

のように変換すると

$$x = c - u^2$$

なので

$$\frac{dx}{du} = -2u$$

より，$dx = -2u\, du$ となります．したがって，積分は次のようになります．

$$\int \sqrt{\frac{x}{c-x}}\, dx = \int \sqrt{\frac{c-u^2}{u^2}}(-2u\, du)$$
$$= -2 \int \sqrt{c - u^2}\, du = -2 \int \sqrt{\left(\sqrt{c}\right)^2 - u^2}\, du$$

積分の公式

$$\int \sqrt{a^2 - u^2}\, du = \frac{u\sqrt{a^2 - u^2}}{2} + \frac{a^2}{2} \sin^{-1}\left(\frac{u}{a}\right)$$

を使うと，$u^2 = c - x$, $a = \sqrt{c}$ なので

$$\int \sqrt{\frac{x}{c-x}}\, dx = -\sqrt{c-x}\sqrt{x} - c \sin^{-1}\left(\frac{\sqrt{c-x}}{\sqrt{c}}\right)$$

です．したがって，2個の球が接触するまでの時間 T は

$$T = -\sqrt{\frac{2p+s}{Gm}} \left[-\sqrt{p + \frac{1}{2}s - x}\sqrt{x} - \left(p + \frac{1}{2}s\right) \right.$$
$$\left. \times \sin^{-1}\left(\sqrt{1 - \frac{x}{p + \frac{1}{2}s}}\right) \right]\Bigg|_{p+\frac{1}{2}s}^{p}$$
$$= \sqrt{\frac{2p+s}{Gm}} \left[\sqrt{\frac{1}{2}s}\sqrt{p} + \left(p + \frac{1}{2}s\right) \sin^{-1}\left(\sqrt{1 - \frac{p}{p + \frac{1}{2}s}}\right) \right]$$

より

$$T = \sqrt{\frac{2p+s}{Gm}} \left[\sqrt{\frac{1}{2}ps} + \left(p + \frac{1}{2}s\right) \sin^{-1}\left(\sqrt{\frac{\frac{1}{2}s}{p + \frac{1}{2}s}}\right) \right]$$

です．この結果の右辺が次元的に正しいこと，つまり，秒の単位をもっていることを確認してください．

ニュートンの問題に対して，数値は

$$p = \frac{1}{2} \text{フィート} = 0.1524\,\text{m}$$
$$s = \frac{1}{4} \text{インチ} = 0.00635\,\text{m}$$
$$m = \frac{4}{3}\pi r^3 \rho = \frac{4}{3}\pi(0.1524\,\text{m})^3 \times 5{,}500\frac{\text{kg}}{\text{m}^3} = 81.547\,\text{kg}$$

そして

$$Gm = 6.67 \times 10^{-11} \frac{\text{m}^3}{\text{kg} \cdot \text{s}^2} \times 81.547\,\text{kg}$$
$$= 54.4 \times 10^{-10} \frac{\text{m}^3}{\text{s}^2}$$

です．したがって

$$T = \sqrt{\frac{0.311}{54.4 \times 10^{-10}}} \left[0.022 + 0.1556 \sin^{-1}\left(\sqrt{\frac{0.003175}{0.1556}}\right) \right] \text{秒}$$
$$= 335 \text{秒}$$

です．1年を365日とすると，1年の$\frac{1}{12}$（ニュートンの「1ヶ月」）は2,628,000秒になるので，ニュートンは約8,000倍もミスをしたことになり

ます．

　T の最終の式はかなり複雑ですが，その理由は，この式が s, p, m の**すべての値に対して厳密**に成り立つ式だからです．このニュートンの問題では，s が小さいことを考慮すれば，この式はかなり簡単になります．これは厳密な式をチェックする有効なテクニックで，物理学者が厳密な結果を検算するときによく用いる方法です．アイデアは簡単です．2 つの質点が距離 r だけ離れているとき，互いに及ぼしあう引力は

$$F = \frac{Gm^2}{r^2}$$

です．

　この引力が 2 つの質点を加速させますが，2 つの質点が近づくにつれて r は減少するので，さらに F は増加します．その結果，加速度は増大します．しかし，この問題のように，2 つの質点の運動距離が r に比べて非常に**小さい**ならば（ニュートンではちょうど $\frac{1}{8}$ インチ．$s = \frac{1}{4}$ インチの半分），この運動の初めから終わりまでの間，加速度は**一定**であるとみなしても悪くありません．

　図 23.1 から，2 個の球の中心間の初期間隔は

$$r = 2\left(p + \frac{1}{2}s\right) = 2p + s$$

で，初期加速度は a です．したがって，ニュートンの第 2 法則

$$F = ma = \frac{Gm^2}{r^2}$$

から

$$a = \frac{Gm}{r^2} = \frac{Gm}{(2p+s)^2}$$

となります．この加速度 a は，それぞれの球が距離 $d = \frac{1}{4}$ インチ（約 0.6 cm）動く間，一定とします（上で説明したように）．

　一定の加速度 a で，静止状態から動き出して，距離 d だけ動くための時間 T' は，本書の初めのほうで示したように

$$d = \frac{1}{2}aT'^2$$

で与えられるので

$$T' = \sqrt{\frac{2d}{a}} = \sqrt{\frac{2d}{\frac{Gm}{(2p+s)^2}}}$$

です．$d = \frac{1}{2}s$ だから

$$T' = (2p+s)\sqrt{\frac{2d}{Gm}} = (2p+s)\sqrt{\frac{s}{Gm}}$$

です．この T' の式は T の式よりも**かなり**簡単です．しかし，T' は近似であることを忘れないでください．それでは，T' は**数値的**にどのような値になるのでしょうか？

先に計算した p, s, m の値を使うと，

$$T' = (2 \times 0.1524 + 0.00635)\sqrt{\frac{0.00635}{54.4 \times 10^{-10}}} \text{ 秒} = 336 \text{ 秒}$$

です．これは厳密な答えの T とちょうど **1秒**だけ異なります．実は，T' は**非常に**よい近似なのです（ニュートンの問題に対して）．

この章で展開した議論は，正直なところ，日常的な会話で現れる問題ではなく，**物理学者たち**だけが魅力を感じるたぐいのものです．しかし，ここに私がこれを含めたのには理由があります．その1つは，このような物理学者の一人が偶然にも偉大なニュートンであり，そして，別の一人が（望むらくは）あなたであるから．もう1つの理由は，この問題が「シンプルな物理学」と数学を介して**全体として**身近なものであるから．

「**シンプルな**物理学（simple physics）」は「**素朴な**物理学（simple-*minded* physics）」ではありません．本書があなたにそのことを確信させたならば，私の仕事はうまくいったことになります．

注 釈

1) この引用句は Andrew Motte: "1729 translation of the *Principia*", University of California Press, 1934, p.570 参照．
2) 私たちはニュートンの他の結果も使っています．それは，「一様な密度の球の外部にある任意の点での重力効果は，この球と同じ質量をもった，質点を球の中心に置いた場合の効果と同じである」という結果です（第5章を参照）．

追　　記
Postscript

　本書で一番忘れられているものは，次元解析だと思います．次元解析は，本書の多くの章を結びつける素晴らしい視点を与えてくれます．初級レベルと上級レベルの2つのコースにおける教育で，これが非常にうまく役立つことを私は知っています．詳細な計算をせずに相当な結果が求まるので，学生たちは次元解析を楽しんでいます．
　――トム・ヘリウェル（ハーヴェイ・マッド・カレッジの物理学名誉教授）が本書の原稿を読んだ後，著者に送った電子メールの一部．

　エピローグは本の最後であるべきですが，物事は計画通りには進まないものです．この本が完成に近づいたとき，トム・ヘリウェルに本書のまえがきの執筆をお願いできるか尋ねました．彼は，私が1970年代初め頃にハーヴェイ・マッド・カレッジ（カリフォルニア州クレアモント）で教鞭をとっていたときの同僚です．まえがきは本の冒頭にのせる短い文章なので，彼は気軽に引き受けてくれました．でも，トムはこの本を飛ばし読みはしませんでした．彼はパラパラと本をめくって，「これはよい本だ，買って読めば好きになるだろう．たとえ好きでなくても，"ドアストッパー"にはいいだろう」といった走り書きもしませんでした．
　そうではなく，トムはこの本を実際に**読んで**いました．そして，いくつかの懸念を私に示しました．それらはどれも正しいと認めざるを得なかったので，1つの懸念だけを残して，それ以外の懸念は原稿のゲラの段階ですべて修正しました．しかし，そのとき残した懸念は，私が本書で試みようとした

ことの**中心的なもの**だったので，トムが示唆したように，この追記で補足することにしました．

みなさんは，本章の冒頭の引用文から推測できたと思いますが，私が補足したいのは次元解析の話です．次元解析については，以前の拙著[1]で簡単に論じているので，その引用から始めようと思います．

> 55年以上前，スタンフォード大学の物理学科の1年生だった頃，たくさんの試験を受けた．その中で特に記憶に残っている問題は，毛管作用により流体がガラス管の中をどれくらいの高さまで上がるか，という計算問題だった．それは教授が学生全員に好スタートが切れるようにサービスで出してくれた問題だった．答えるためには，ただ講義やコースの教科書で導いた公式，そして，宿題で出された課題に使った公式を覚えておけばよかった．試験は公式に数値を代入するだけのもので，必要な数値もすべて与えられていた．不幸にも，私は公式を覚えていなかったので，私には何のサービスにもならなかった．
> 学生寮に戻ってから，クラスの友人と話した．彼はそのサービス問題にとても感謝していた．彼はコースではあまりできていなかったので，この"フリー"ポイントは彼にとって素晴らしいものだった．
> 「それで，公式を覚えていたの？」と私は尋ねた．
> 「覚えてないよ．でもそんな必要はないさ．とにかく，仕留めるのさ」と彼は答えた．
> 「何を言っているの？ 公式を覚える必要はなかったの？」と，嫌な気分で私は尋ねた．
> 「やるべきことはね」，友人はニヤリと笑って「教授が問題文の中で与えたすべての異なる数値を使って，単位が**長さ**，つまり**ガラス管を上がる距離**になるまで，数値を組み合わせてみるんだよ」．「しかし，それって…**ずるいだろう！**」と私は早口で言った．

しかし，もちろん，それはずるくはありませんでした．友人と同じアイデアを考えるだけの鋭さが，自分には十分になかったことに腹が立った．それは，次元解析という素晴らしいテクニックに対する私の初めての（痛い）出会いでした．

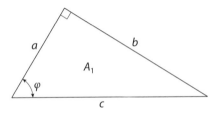

図 PS.1　次元解析でピタゴラスの定理を導く（a）

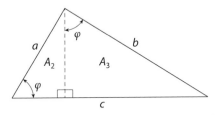

図 PS.2　次元解析でピタゴラスの定理を導く（b）

　ここで，次元解析の具体例として，ピタゴラスの定理の導き方[2)]を示しましょう．**図 PS.1** は直角三角形で，長さ a と b の直交する辺と，長さ c の斜辺をもっています．三角形の内角の 1 つは ϕ で，c と ϕ の値がわかれば，三角形が決定できるのは明らかです．つまり，c と ϕ を与えると，別の辺の長さ（a と b）と残りの内角はすべて一意的に決まり，三角形の**面積** A_1 も決まります．面積は長さの 2 乗の次元をもち，ϕ は無次元だから，面積は c の 2 乗に依存しなければなりません．そこで，三角形の面積を次のように書きます．

$$A_1 = c^2 f(\phi) \tag{1}$$

ここで，$f(\phi)$ は ϕ のある関数です（すぐわかるように，$f(\phi)$ の詳細を知る必要はない）．

　さて，**図 PS.2** のように，三角形の斜辺に垂直な直線を引きます．これは，三角形をより小さな 2 つの直角三角形に分けたことになります．1 つの面積は A_2 で鋭角は ϕ で斜辺は a，もう 1 つは面積が A_3 で鋭角は ϕ で斜辺は b です．したがって，式 (1) と同様に

$$A_2 = a^2 f(\phi) \tag{2}$$

と

$$A_3 = b^2 f(\phi) \tag{3}$$

と書けます．$A_1 = A_2 + A_3$ だから，$c^2 f(\phi) = a^2 f(\phi) + b^2 f(\phi)$ です．したがって，未知の関数 $f(\phi)$ は消えます（このため，この関数がどんなものであるかを知る必要はなかった）．そして，突然ドラマティックに，よく知られた式

$$a^2 + b^2 = c^2 \tag{4}$$

が出現します．これで終わりです．かなり巧いと思いませんか？（ここで，$f(\phi) = \frac{1}{2}\cos(\phi)\sin(\phi)$ を示すのは簡単だが，この話のポイントは，その**必要はない**ということ）．

しかし，あなたは「これはただの**数学だ**」と言うかもしれないので，物理学で次元解析を使う **3** つの具体例を今から説明します．1 番目の例は，トムが私にメールで指摘した第 22 章のオープニングの問題で，彼は次のようなことを書いていました．

> R は一体何に依存するだろうか？ h, g, m と α？ これ以外の重要なパラメータは問題には含まれていない[3]．α は無次元だから，g の時間の次元を打ち消すパラメータはない．そのため，g は解の中に現れない．同様に，m の次元を打ち消すものがないから，結果は m にも依存しない．

したがって，R は h と α だけの関数でなければなりません．第 22 章で導いた具体的な解を得るには，実際に詳細な解析が必要です．しかし，トムの指摘は正しいのです．この問題では，g が存在しないことは次元解析だけでわかるので，何の驚きもありません．

次元解析の 2 番目の物理的な例は，砂時計のように，円形の穴から落下する砂です．非常に固いたくさんの微粒子で作られた砂は，穴から流体のように流れます．しかし，**流体ではありません**．微粒子の場合，これらの間の摩擦や，微粒子と砂時計の壁との摩擦のために，流れ率（単位時間当たりの質量）はほとんど一定になります．これは，流れ率が穴を通るのを待ってい

る砂柱の高さに依存しないことを意味するので，時間を測定する装置にとって素晴らしい特性です．この特性は，バケツの底の穴から流れ出す水と全く異なります．例えば，水の流れ率は「水面の高さ」に**依存**します．そうすると，砂の流れ率に影響を与えうるパラメータとして残っているのは，砂の密度 ρ と穴の直径 D と重力加速度 g だけです．

そこで，次のように書きます．

$$\frac{dm}{dt} = f(\rho, D, g) \tag{5}$$

ここで，f はある関数です．「**ある**」という言葉には，たくさんの逃げ道が残されています．f について何を**言いうる**のか？　私たちがすべきことは，f を**変数の冪の積**として

$$f(\rho, D, g) = K\rho^a D^b g^c$$

のように書くことです．ここで，K, a, b, c はすべて無次元の定数です．このように書くのは，次のような理由からです．f がどのような関数であっても，関数 f の**変数依存性**は長さ，時間，質量を測るのに用いる単位の選び方に無関係であるべきだからです．自然は，私たちが長さをインチかメートルで，時間を秒か日で，質量をグラムかポンドで測るか，などを気にかけていません．f の関数形がこのような性質をもっているか調べる方法は，1つの単位系で質量を測り，そのあとで x 倍だけ大きな単位をもつ新しい単位系で測ると，新しい質量の値が初めの測定値の $1/x$ 倍になっているかを見ることです．同様にして，新しい単位系で長さと時間の単位をそれぞれ y と z 倍した場合，それらの新しい測定値をそれぞれ $1/y$ と $1/z$ 倍すれば，もとの値と同じになります．冪の積として f を表現することは，変数依存性を保持し，単位を変化させる効果を定数 K に押し込めることを意味します．このように，K の役割はわかっているので，当面 K を無視して f の関数形だけに集中し，f を決めた後で K を挿入します．ただし，（実験で決まる）K の値は私たちが使用する単位系に依存します．

質量，長さ，時間の次元をそれぞれ M, L, T とすれば，式 (5) の左辺の単位は $\frac{M}{T}$ です．ρ, D, g の単位はそれぞれ $\frac{M}{L^3}$, L, $\frac{L}{T^2}$ だから，定数 a, b, c を使って

$$\frac{M}{T} = \left(\frac{M}{L^3}\right)^a (L)^b \left(\frac{L}{T^2}\right)^c = \frac{M^a L^{b+c-3a}}{T^{2c}}$$

が成り立たねばなりません．これから $a = 1$, $b + c - 3a = 0$, $2c = 1$ となるので，$a = 1$, $b = \frac{5}{2}$, $c = \frac{1}{2}$ です．したがって，（実験で決まる）定数 K を用いると，最終結果は

$$\frac{dm}{dt} = K\rho g^{1/2} D^{5/2} \tag{6}$$

となります．おそらく，D の指数の値は意外でしょう．もし，流れ率が穴の面積に依存するならば，D に対して**最初に予想する**仮定は 2 であり，2.5 ではないはずです．しかし，さまざまな大きさの穴を流れ出る砂の実際の実験から，式 (6) は**正しいのです**[4]．

次元解析の 3 番目の物理的な例で，かなりドラマティックなものは，第二次世界大戦での実話に由来します．1941 年，英国の数理物理学者テイラー（Sir Geoffrey Taylor（1886-1975 年））は超強力爆弾の**可能性**について尋ねられ，**本当に巨大な爆発**の物理学について考察することを英国の軍当局から求められました．テイラーはこれを非常に見事なやり方で成し遂げましたが，彼の用いた「シンプルな物理学」をトップシークレットの武器研究グループ以外の人々が知ったのは，10 年近く後のことでした．

最初の原子爆弾，プルトニウム爆縮装置[5]が 1945 年 7 月 16 日ニューメキシコ州のアラモゴード砂漠で爆発されたとき，この歴史的事件（コードネーム「トリニティ」）は高速カメラ（10,000 フレーム/秒）で撮影されました．1947 年に，このフィルムは機密解除され，膨張する火球のコマ撮り写真が世界中に公開されました．各コマには火球のほとんど完全な半球[6]の瞬間的半径が，爆発の瞬間から測定された時間と一緒に記されていました．しかし，ある情報が機密解除**されませんでした**．それは爆発のエネルギーで，**これだけ**が米軍当局の決めたトップシークレットとして残されました．そのため，1950 年にテイラーが（1941 年の理論的な）次元解析を使って，3 年前から公表された写真と組み合わせて，爆発のエネルギーを正確に計算したとき，米軍当局は非常に驚きました．では，彼がどのように計算したかを，これから説明しましょう[7]．

テイラーは火球の半径 R を，爆発エネルギー E_0 と，火球が膨張する空

気の密度 ρ と，爆発からの時間 t の関数であると推論して，

$$R = f(E_0, \rho, t) = KE_0^a \rho^b t^c \tag{7}$$

と書きました．式 (7) の左辺の次元を右辺の次元に等しいと置くと，次式

$$L = \left(\frac{ML^2}{T^2}\right)^a \left(\frac{M}{L^3}\right)^b T^c = M^{a+b} L^{2a-3b} T^{c-2a}$$

になります（ただし，K の値は使用する単位系に依存するが，無次元であることを忘れないように）[8]．これから，$a+b=0$, $2a-3b=1$, $c-2a=0$ となるので，$a=1/5$, $b=-1/5$, $c=2/5$ です．したがって

$$R = KE_0^{1/5} \rho^{-1/5} t^{2/5}$$

となりますが，テイラーは実験結果から K の値が MKS 単位系で $K \approx 1$ であることを知っていたので

$$R = \left(\frac{E_0}{\rho}\right)^{\frac{1}{5}} t^{\frac{2}{5}} \tag{8}$$

と書きました．

式 (8) には驚くべき情報が入っています．例えば，2 個の爆弾を作ったとして，一方の爆弾がもう一方の 5 倍の爆発エネルギーをもつように作っても，爆発のあと（一定の空気の密度に対して），大きい方の爆弾の火球は 5 倍の大きさになるのでは**なく**，「たった」$5^{1/5} \approx 1.38$ 倍になるだけです．また，空気の密度が地上の 1/3 の上空で爆発すれば，爆発後の火球の大きさは地上の火球の 3 倍では**なく**，$3^{1/5} \approx 1.24$ 倍になるだけです．

式 (8) が本当に 1945 年の爆発で起こったことを再現できるかを検証するために，テイラーは両辺の対数をとり，次のように書きました．

$$\log_{10}(R) = \frac{1}{5} \log_{10}\left(\frac{E_0}{\rho}\right) + \frac{2}{5} \log_{10}(t) \tag{9}$$

この式は，$\log_{10}(R)$ 対 $\log_{10}(t)$ のプロットが傾き 2/5 の直線になることを教えています．テイラーが機密解除された爆弾のフィルムに記された半径と時間をプロットすると，**ほとんど完全な**直線になりました．彼の論文に書かれているように，「爆発が実際に起こる 4 年以上も前に計算していた理論的予測のとおりに，火球は見事に膨張していた」のです．R と t の範囲

が「大きかった」ので，理論と実験との素晴らしい一致は全く驚くべきものでした．つまり，t の範囲 $0.0001 \leq t \leq 0.062$（秒）に対して R の範囲は $11.1 \leq R \leq 185.0$（メートル）でした．

ところで，テイラーは E_0 の値をどのようにして得たのでしょうか？　それは，式 (9) を

$$5\log_{10}(R) - 2\log_{10}(t) = \log_{10}\left(\frac{E_0}{\rho}\right)$$

のように書いてから，フィルムに記されている R と t の任意のペアを代入したのです．例えば，$t = 0.062$ 秒で $R = 185$ メートルを使うと

$$\log_{10}\left(\frac{E_0}{\rho}\right) = 13.75$$

より，E_0 は

$$E_0 = \rho 10^{13.75}$$

となります．テイラーは空気の密度を $\rho = 1.25\,\mathrm{kg/m^3}$ としたので

$$E_0 = 1.25 \times 10^{13} \times 10^{0.75} \text{ ジュール} = 7.03 \times 10^{13} \text{ ジュール}$$

です．E_0 の単位はエネルギーの MKS 単位（ジュール）です．なぜなら，他のすべての量が MKS 単位だからです．

慣習として，原子爆弾（武器技術者たちが "イールド（yield）" とよぶもの）のエネルギーを TNT メートルトン（metric tons of TNT）の単位で報告するので，テイラーもこの単位を使いました（メートルトンは $1{,}000\,\mathrm{kg} \approx 2{,}200$ ポンド）．1 ポンドの TNT は 1.9×10^6 ジュールのエネルギーを放出するので，1 メートルトンは 4.18×10^9 ジュール，したがって

$$E_0 = \frac{7.03 \times 10^{13}}{4.18 \times 10^9} \text{ TNT メートルトン} = 16{,}818 \text{ TNT メートルトン}$$

です．これはテイラーの論文の数値（16,800 トン）と非常によく一致しています．この結果は，米軍当局がトリニティ爆弾の正しいエネルギーの値と考えていた機密の値に非常に近かったので，しばらくの間，テイラーは軍の機密を盗んだのではないかと疑われました．しかし，彼は盗んだのではありません．ただ「**シンプルな物理学**」を使っただけです．

注 釈

1) 拙著 "*Mrs. Perkins's Electric Quilt*", Princeton University Press, 2009, pp.13-15 を参照．次元解析は長い間物理学で活躍してきました．一般に，これは偉大なスコットランドの物理学者マクスウェル（James Clerk Maxwell（1831-1879 年））の 1863 年の論文から始まったとされますが，ニュートンの著作にも次元解析のヒントがあります．
2) この導出は A. B. Migdale: "*Qualitative Methods in Quantum Theory*", W. A. Benjamin, 1977（原著は 1975 年にロシア語で出版された）で，偶然見つけました．
3) あなたは発射速度 v_0 がいくらかと尋ねるかもしれませんが，この問題の v_0 は h と g と m で決まるから**パラメータになりません**．しかし，前の章でやった銃弾の発射のような問題では，v_0 はパラメータになります．なぜなら，v_0 は m と g だけでなく，使用する銃の火薬の量にも依存するからです．
4) Metin Yersel: "The Flow of Sand", *The Physics Teacher*, May 2000, pp.290-291.
5) 第二次大戦中に，日本の広島に落とされた最初の原爆（「リトルボーイ」）はウラニウム**銃爆弾**でした（銃から発射された 1 個のウラン 235 未臨界質量が，もう 1 個のウラン 235 未臨界質量に衝突して，急速に臨界以上の質量を形成）．科学者たちはこれがうまくいくことに確信をもっていたので，彼らはわざわざ設計をテストすることなどしませんでした．日本の長崎に落とされた 2 番目の原爆（「ファットマン」）は非常に複雑な**爆縮型爆弾**でした（球の表面上で一斉に爆発させて生じた衝撃波を使って，球内部の未臨界状態のプルトニウム質量を急激に圧縮して臨界値にもっていく）．
6) **半球**だったのは，爆弾が地上からちょうど 100 フィートの高さ（タワーの屋上）で爆破されたからです．高い高度で爆弾を爆破させれば，当然，球状の火球になります．
7) Sir Geoffrey Taylor: "The Formation of a Blast Wave by a Very Intense Explosion (part 2): The Atomic Explosion of 1945", *Proceedings of the Royal Society of London A*, March 22, 1950, pp.175-186. テイラーの 2 部作の論文のパート 1 には，理論的な 1941 年の研究（pp.159-174）が含まれています．パート 2 には，計算に使った機密解除された火球の写真が再録されています．
8) エネルギーの単位が $\frac{ML^2}{T^2}$ であることを確認するには，「エネルギー＝力 × 距離＝質量 × 加速度 × 距離」を思い出せばよいだけです．そうすれば，エネルギーの単位は $(M)\left(\frac{L}{T^2}\right)(L) = \frac{ML^2}{T^2}$ であることがわかります．

謝　辞

　本書をあなたの手元に届けるために，多くの人々が私を手伝ってくれました．私はニューハンプシャー大学の物理図書館で初期の文献の多くを検索したのですが，図書館員の Heather Gagnon は，私が蔵書室で座っていた何日もの間，大きな助けになってくれました．

　図書館を出て学生生協に歩いて行ったところにある，キャンパス内のダンキン・ドーナツのスタッフは，私の執筆中はいつもコーヒーをいっぱいに（そして目が覚めるように）してくれました．

　プリンストン大学出版局の人々は，もちろん**絶対に重要で**，私の長年にわたる担当編集者の Vickie Kearn と彼女のアシスタントをはじめ，プロダクションエディターの Deborah Tegarden やアーティストの Dimitri Karetnikov と Carmina Alvarez-Gaffin（素人の私が描いた図を文字どおり芸術作品に変えてくれた）に感謝します．

　この本のコピーエディターであるアリゾナ州ツーソンの Barbara Liguori は，私が高校生の頃，国語の授業のときに眠っていた（実際に時々やったと思う）ように見えないように，英語を直してくれました．また，Barbara はアリゾナ州とカリフォルニア州での運転がなぜリスクを伴うことになりうるのかを，私に思い出させてくれました（第 2 章の注釈の解説を参照）．

　3 人の匿名の査読者からは，多くの有益な示唆を受けました．

　ハーヴェイ・マッド・カレッジ（カリフォルニア州クレアモント）の同僚であるトーマス・ヘリウェル博士は，まえがきを書くことは喜んで引き受けてくれましたが，私の感謝と本のコピー以外を受け取ることは強く拒否されました．

　最後に，54 歳の妻 Patricia Ann はいつも私の執筆生活を支えてくれてい

ます．私は執筆活動を止めることは決してないでしょうが，彼女に十分な感謝の気持ちを表現できる日も決して来ないだろうと思っています．

2015 年 8 月

ポール・J. ナーイン

ニューハンプシャー州リー

索　引

【欧字・数字】

2 次方程式, 17
　　――の解の公式, 18, 88, 189
2 重積分, 69
3 次方程式, 146, 148
3 重積分, 28, 67-69
MKS 単位, 41, 44, 47-49, 236, 237
TNT, 12, 237

【ア行】

アイスナー (Leonard Eisner), 107
アインシュタイン (Albert Einstein), 1, 5
アポロ 11 号, 21, 22, 96
アポロ 14 号, 221
天の川, 131
アメリカンフットボール, 200
アルキメデス (Archimedes), 24, 136, 137
　　――の原理, 4, 136, 139, 145, 146
アンペア, 42, 43
イーストウッド (Clint Eastwood), 200
インディー・ジョーンズ, 184, 187
ウィトルウィウス (Marcus Vitruvius), 137, 149
ウラン 235, 5-7, 12

運動エネルギー, 15, 16, 29, 38-40, 44, 46, 51, 54, 67, 71, 72, 74, 90, 91, 116, 134, 187, 188, 207, 214
運動法則, 10
運動量, 4, 39, 44, 91
エア・フラックス, 39
衛星, 112-117
エジソン (Thomas Edison), 28, 122, 149
エネルギー保存則, 85, 127, 207, 214, 215
エラトステネス (Eratosthenes), 222
遠心力, 55
オイラー (Leonhard Euler), 25
オーバーハング, 103, 106
オーム (Georg Ohm), 85
　　――の法則, 4, 19, 79
オルバース (Wilhelm Olbers), 133
音速, 87, 89

【カ行】

回転軸, 66, 67, 74
海洋潮汐, 59, 62, 64, 71
火球, 115, 235, 236, 238
角運動量, 91, 96, 97
角速度, 66, 71, 90, 91, 94, 96-98, 151, 211, 216, 217

核分裂, 6, 7
確率, 16, 123, 125, 126, 131, 133
加速度, 44
ガモフ (George Gamow), 106
ガリレオ (Galileo), 165
慣性質量, 220
慣性モーメント, 4, 67, 68, 70, 71, 90, 91, 94, 95, 97, 98
規格化, 152-154, 190, 204
ギガワット, 73
軌道運動, 58, 62, 74
軌道角運動量, 96-98
軌道周期, 63, 115, 216
帰納法, 105, 106
逆2乗則, 57, 113, 219, 223
キャベンディッシュ実験, 62, 220
キャロル (Lewis Carroll), 86
キルヒホッフ (Gustav Kirchhoff), 85
　——の法則, 79
空気抵抗, 15, 29, 42, 43, 86, 87, 157, 161, 164, 185, 187, 205, 221
空気の密度, 39, 41, 235-237
クランクシャフト, 151
クランシー (Edward P. Clancy), 64
グローブス将軍 (Leslie Groves), 6
ケプラー (Johannes Kepler), 58, 133
　——の第3法則, 58-60, 63, 115
ケルビン卿 (Lord Kelvin), 123, 125, 129-134
原子時計, 74
原子爆弾（原爆）, 5, 6, 23, 235, 238
向心力, 55-57
コーナーキューブ反射器, 21, 22, 96
国際宇宙ステーション, 49
ゴリアテ, 55

【サ行】

サーバー (Robert Serber), 13, 23

最小作用の原理, 20
サバント (Marilyn vos Savant), 17
三角関数, 181
ジー (Anthony Zee), 161
シーザー (Julius Caesar), 66
シェゾー (Jean-Philippe Loys de Chéseaux), 127, 133
シェパード (Alan Shepard), 221
次元解析, 231-233, 235, 238
指数関数, 26, 181, 199
実数, 126, 148, 211
質点, 8
質量, 48
　——中心, 4, 60, 62, 63, 101-105, 107, 109, 110
シャープ (Abraham Sharp), 26
重量, 51, 219
重力, 224
重力加速度, 15, 97, 113, 157, 165, 175, 192, 201, 206, 221, 222, 234
重力質量, 220
重力収縮, 134
ジュール, 44, 72
ジョイス (James Joyce), 223
ジョンソン (Paul B. Johnson), 101
信号待ちジレンマ, 34
シンプルな物理学, 7, 10, 12, 14, 33, 39, 46, 48, 50, 64, 75, 87, 96, 101, 107, 112, 119, 122, 145, 163, 173, 183, 184, 192, 198, 208, 229, 235, 237
スカラー積, 78
スカラー量, 56
スキージャンプ, 184, 187, 189
スクルージ・マックダック, 44
スタートレック, 2
スターリングの公式, 17
ストリンガム (Irving Stringham),

128
砂時計, 233
スピン角運動量, 96-99
スプートニク, 112-115
スミス (Sydney Smith), 6, 14
スリップ, 50, 54
静止衛星, 114, 115
静止軌道, 114
積分, 25, 67-69, 71, 92, 93, 130, 146, 149, 157, 165, 177, 179-181, 202, 203, 205, 216, 222, 226
ゼマンスキー (Mark Zemansky), 1
線運動量, 91, 97
速度, 56

【タ行】

ダーウィン (George Darwin), 1, 73
ターザン, 184, 187
ターンテーブル, 218, 222
第1種楕円積分, 181, 216, 221
大圏, 173
──コース, 173, 183
対称軸, 102
対数, 236
太陽潮汐, 60, 61
太陽の質量, 58, 59
太陽の半径, 131
太陰潮汐, 61, 62
楕円積分, 183, 221
単位, 71, 74
単位系, 42, 43, 234, 236
チェインルール, 176
地球と月間の距離, 20-23, 58
地球と太陽間の距離, 58
地球の質量, 100
地球の体積, 27
地球の半径, 27, 61, 100, 113, 175, 219

チャップマン (Seville Chapman), 156, 157
中性子, 5, 7
潮汐, 64, 65, 74
──摩擦, 96
調和級数, 106, 111
月軌道の半径, 100
月潮汐, 60, 61
月の質量, 58, 100
月の体積, 28
月の半径, 28
抵抗係数, 42
定積分, 181, 216, 225
ティプラー (Frank Tipler), 128
テイラー (Geoffrey Taylor), 235, 237
ディラック (Paul Dirac), 156
電荷の保存則, 85
電球, 15, 28, 29, 79
ド・モアヴル (Abraham de Moivre), 31
ドゥ・ブリッジ (Lee A. DuBridge), 112, 113
等価原理, 220
導関数, 194, 199
土星, 62
ドット記法, 174, 224
ドミノ, 107-109
トムソン (William Thomson), 133
ドラッグレース, 45, 46
トリチェッリ (Evangelista Torricelli), 170
トリニティ, 235, 237
トルク, 65, 74, 90, 94, 95, 120
トローブリッジ (John Trowbridge), 216, 218
トンネル, 172, 182

【ナ行】

長崎, 238
ニュートン (Isaac Newton), 3, 49, 57, 62, 74, 133, 170, 174, 199, 219, 220, 222, 223, 227-229, 238
　——の運動法則, 4, 224
　——の運動方程式, 49, 193, 224
　——の重力法則, 57, 60
　——の第2法則, 44, 55, 228

【ハ行】

ハーディー (G. H. Hardy), 7, 13, 118
パイ, 24, 26
ハイゼンベルク (Werner Heisenberg), 6
ハイパーループ, 182
白熱電球, 14
バッテリー, 19, 42, 43, 79-81, 85
馬力, 47, 48, 53, 73
ハリソン (Edward Harrison), 129, 133
ハレー (Edmund Halley), 133, 170
バンジージャンプ, 184, 192
反射の法則, 21
ハンティントン (Roger Huntington), 46, 48
　——の経験式, 46, 47
万有引力定数, 57, 100, 113, 219
ヒエロ2世 (Hiero II), 136
ピタゴラスの定理, 57, 102, 152, 176, 183, 202, 232
微分, 19, 20, 40, 98, 117, 122, 153, 167, 176, 186, 201, 202, 205, 224
微分方程式, 193, 194, 199
広島, 238
風力, 38
フォックス (Geoffrey Fox), 46-48
複素共役, 148
複素数, 148
フック (Robert Hooke), 199
　——の法則, 192
ブッシュ (Vannevar Bush), 156
不定積分, 176, 225, 226
ブラウン (Fredric Brown), 16
浮力, 137, 149
プリンキピア, 3, 62, 223
平方根, 181
冪, 181
ベクトル積, 78
ベクトル量, 56
ベッツ限界, 38, 39, 41, 42
ヘリウェル (Thomas Helliwell), 230
ベルヌ (Jules Verne), 172
ヘロン (Heron of Alexandria), 20
ホィーラー (John Wheeler), 161
放物軌道, 165, 185, 187, 189, 200-202
ポー (Edgar Allen Poe), 127-129
ポテンシャルエネルギー, 15, 29, 51, 91, 109, 110, 116, 134, 187, 188, 197, 207, 214
ボルト, 42

【マ行】

マクスウェル (James Clerk Maxwell), 10, 238
摩擦, 9, 30, 46, 54, 64, 206, 233
　——係数, 50
　——力, 50, 51, 64, 115-117
見通し距離, 130, 132
無限級数展開, 24
メイズ (Willie Mays), 156, 161
メートルトン, 237
メートル法, 44, 74

メーラー (Norman Mailer), 206
メドラー (Johann Heinrich von Mädler), 128, 129
毛管作用, 231

【ヤ行】

野球, 156, 161, 200
ユークリッド (Euclid), 20
ユーリピデス (Euripides), 184
ユーロスター, 182

【ラ行】

ライプニッツ (Gottfried Leibniz), 32

ラジアン, 52, 66, 90, 94, 97, 98, 119, 127, 151, 155, 214
臨界質量, 6, 7
ルー (Hoff Lu), 7
レール・ドラッグスター, 46
連鎖反応, 107, 108
ロスアラモス, 6, 23

【ワ行】

ワット, 15, 42, 44, 53

memo

〈訳者紹介〉

河辺哲次(かわべ てつじ)

九州大学名誉教授.1949年福岡市生まれ.1972年東北大学工学部原子核工学科卒.1977年九州大学大学院理学研究科(物理学)博士課程修了(理学博士).その後,高エネルギー物理学研究所(KEK)助手,九州芸術工科大学教授,九州大学大学院教授を務める.この間,コペンハーゲン大学ニールス・ボーア研究所に留学.

専門:素粒子論,場の理論におけるカオス現象,非線形振動・波動現象,音響現象

著書:『スタンダード力学』『ベーシック電磁気学』『工科系のための解析力学』『物理と工学のベーシック数学』『ファーストステップ力学:物理的な見方・考え方を身に付ける』(以上,裳華房)ほか

訳書:『マクスウェル方程式—電磁気学がわかる4つの法則』『物理のためのベクトルとテンソル』『算数でわかる天文学』『波動—力学・電磁気学・量子力学』『ファインマン物理学 問題集1, 2』(以上,岩波書店),『量子論の果てなき境界:ミクロとマクロの世界にひそむシュレディンガーの猫たち』(共立出版)ほか

シンプルな物理学
—身近な疑問を数理的に考える23講—

*In Praise of Simple Physics:
The Science and Mathematics
Behind Everyday Questions*

2018年7月10日 初版1刷発行

検印廃止
NDC 420
ISBN 978-4-320-03604-8

著 者 ポール・J. ナーイン
訳 者 河辺哲次 © 2018
発行者 南條光章
発行所 共立出版株式会社

〒112-0006
東京都文京区小日向4-6-19
電話番号 03-3947-2511(代表)
振替口座 00110-2-57035
http://www.kyoritsu-pub.co.jp/

印 刷 大日本法令印刷
製 本 ブロケード

一般社団法人
自然科学書協会
会員

Printed in Japan

JCOPY <出版者著作権管理機構委託出版物>
本書の無断複製は著作権法上での例外を除き禁じられています.複製される場合は,そのつど事前に,出版者著作権管理機構(TEL:03-3513-6969,FAX:03-3513-6979,e-mail:info@jcopy.or.jp)の許諾を得てください.

The Quantum Divide: Why Schrödinger's Cat is Either Dead or Alive

量子論の果てなき境界

ミクロとマクロの世界にひそむシュレディンガーの猫たち

クリストファー C. ジェリー・キンバリー M. ブルーノ著／河辺哲次訳

古典論と量子論の境界はあるだろうか？
直感に反する不思議な量子の世界

本書は量子物理学の本質的なアイデアを，主要な量子実験に基づいて解説している。登場する実験の大半は，光と物質の相互作用を研究する量子光学の分野である。長年にわたって行われた興味をそそる数々の実験と，そこから明らかにされたミクロなスケールの量子的世界の性質。これらに興味を持ち，学びたいと思う人々にとって，最適の一冊である。

A5判・並製・240頁・定価(本体2,700円＋税)
ISBN978-4-320-03596-6

目次

第1章 原理としての物理学
世界を分ける／基礎にある物理学

第2章 粒子と波の二重性：電子の二重人格
マクロの世界とミクロの世界／量子コイン／重ね合わせ？混合？／光と波，そして，干渉／電子を使った干渉／1回に1個だけの電子による干渉

第3章 粒子と波の二重性：光子
自然の対称性／光子，そして単一光子の干渉／遅延選択実験／無相互作用測定

**第4章 光子でもっと探索：
ビームスプリッターの活用**
能動的な光学装置と受動的な光学装置／2光子をビームスプリッターに／ホーン-オウ-マンデルの実験／2つの実験／奇抜な実験：光子を別の光子で制御

**第5章 奇妙な遠隔作用：
エンタングルメントと非局所性**
唯一のミステリー？／収縮と射影に関する注意／奇妙な遠隔作用：EPRの議論／ちょっと寄り道：光子の偏光／EPRに戻る：アインシュタイン-ポドルスキー-ローゼン／ベルの定理／不等式のないベルの定理：ハーディ-ヨルダンの方法／何を捨てるか：局所性か実在論か？それとも両方か？

**第6章 量子情報と量子暗号と
量子テレポーテーション**
量子情報科学／量子鍵配送／量子テレポーテーション／テレポーテーションの実験

**第7章 マクロな量子効果：
シュレディンガーの猫と
レゲットのスクイド**
巨視的なもの，微視的なもの，そして中間的なもの／量子論の寓話：シュレディンガーの猫／生きている猫と死んでいる猫の干渉：レゲットのスクイド／デコヒーレンスと境界：なぜ"猫"はいない？

第8章 量子哲学
量子力学の還元？／コペンハーゲン解釈とその不満／多世界解釈／デコヒーレンス／量子意識／ミステリーは残る

付録A 量子力学の歴史
付録B 学生のための量子力学実験

（価格は変更される場合がございます）

共立出版

http://www.kyoritsu-pub.co.jp/
https://www.facebook.com/kyoritsu.pub